Scratch
寻宝之旅

刘国利 蒋硕挺 ◎ 编著

清华大学出版社
北京

内 容 简 介

本书将图形化编程知识的讲解与实战合为一体,从编程的基础概念到顺序、分支、循环结构,从键盘、鼠标控制角色到角色与角色之间的互动,从变量到列表再到自制积木,由易到难、由浅入深地讲解了 Scratch 所有模块的相关知识。在知识讲解之后,设置了大量的案例实战部分。

读者可以通过理论知识的学习,掌握完整的知识体系;基于实战部分的功能说明和步骤提示,进行思考并动手实践,完成知识的强化与应用。

图书在版编目(CIP)数据

Scratch 寻宝之旅 / 刘国利,蒋硕挺编著. —北京:清华大学出版社,2021.8
ISBN 978-7-302-57664-8

Ⅰ.①S… Ⅱ.①刘… ②蒋… Ⅲ.①程序设计-青少年读物 Ⅳ.①TP311.1-49

中国版本图书馆CIP数据核字(2021)第040334号

责任编辑:贾 斌
封面设计:刘 键
责任校对:胡伟民
责任印制:宋 林

出版发行:清华大学出版社
    网 址:http://www.tup.com.cn,http://www.wqbook.com
    地 址:北京清华大学学研大厦 A 座   邮 编:100084
    社 总 机:010-62770175   邮 购:010-83470235
    投稿与读者服务:010-62776969,c-service@tup.tsinghua.edu.cn
    质 量 反 馈:010-62772015,zhiliang@tup.tsinghua.edu.cn
印 装 者:三河市君旺印务有限公司
经 销:全国新华书店
开 本:212mm×260mm   印 张:15   字 数:380 千字
版 次:2021 年 8 月第 1 版   印 次:2021 年 8 月第 1 次印刷
印 数:1 ~ 3000
定 价:79.00 元

产品编号:083129-01

前言

21世纪，计算机编程是每个孩子都应当具备的一项技能。编程不仅是未来不可或缺的一种工作技能，更是锻炼个人能力成长的良好工具。本书除了希望能够传达Scratch知识之外，更希望能够将编程背后的"宝藏"送给每位读者。

在Scratch中，无论是制作一个简单的小案例，还是实现一个复杂的作品，都需要按照合理的步骤和规范进行操作。

数个零散的积木块，怎样才能拼接成最终的成品？面对最终要实现的作品，需要按照什么样的逻辑来实现？有没有更好的实现方法？众多的积木块拥有着千变万化的组合方式，一个数值的细微变化会让作品的运行结果有何不同？如何使用这些积木，打造自己的个性化作品？

伴随着本书的阅读，这些问题都会迎刃而解，在面对并解决这些问题的过程中，逻辑思维与解决问题的能力会得到充分的锻炼，创新思维也会在案例制作环节得到激发。

希望本书能够让您有所收获。

本书适用人群

- 6~12岁的小学生。
- 大学生、父母以及所有想要学习计算机编程的成年人。
- 小学计算机教师、STEM课程研发人员、培训机构的编程教师。
- Scratch的初学者、爱好者。

本书结构

本书共分为三大部分，分别是序篇、主内容部分以及综合实战部分。

- 序篇：介绍编程的基本概念、本书特点、Scratch软件的下载与安装、Scratch软件界面、Scratch作品的体验等基础入门知识。

- 主内容部分：由易到难、由浅入深地讲解Scratch编程知识，共包含4个单元，每个单元由3节课程组成，每节课程中包含多个案例作品，让读者边学边练。

- 综合实战部分：应用已学习的Scratch知识完成一个完整作品的开发。

序

什么是Scratch编程

开始学习Scratch编程之前，需要先认识编程，了解编程是什么，为何6~12岁的孩子要选择Scratch这种编程语言进行学习。之后，请掌握本书的使用方法，从而达到更佳的学习效果，制作出个性化作品。

◉ 程序语言

与英国人、美国人对话时，需要说他们能够听懂的"英语"。与计算机对话时，需要说计算机能够听懂的语言，这种语言就叫作"程序"或"程序语言"。

◉ 编程 = 编写程序

编程，是"编写程序"的简称，表示"书写一段计算机能够听懂的语言"。

◉ Scratch编程

编程语言有很多种，大部分是通过代码来实现，例如C、Java、JavaScript、C++、PHP语言等，Scratch将抽象的英文编程语言变成了图形化的模块，无须理解烦琐的英文，直接通过图形化的积木，就能实现相应功能。

简单来说，Scratch 是一种图形化的编程，通过拖曳、组合各种积木，完成程序的创建，实现游戏、故事、应用等各类作品的开发。这种与众不同的呈现方式以及丰富的功能效果，更适合孩子学习与使用。

本书有何特点

◉ 适度的难度梯度，简单易学

本书并没有按照罗列知识模块的方式进行讲解，而是借助多个由易到难的案例（作品），从知识应用层面出发，将Scratch中不同模块的知识结合到一起进行讲解。随着学习的逐步进行，作品要应用的知识也越来越多，功能效果也会越来越复杂。

◘ **基于实战，选择性呈现知识**

学习Scratch积木，是为了将知识灵活应用于实战，制作出自己的个性化作品，而非单纯地记忆理论知识。本书基于众多作品的实战需求，对Scratch编程知识进行了整理和筛选，选择性地呈现其中使用频率较高的基础知识、与核心功能相关的重点知识等。

◘ **讲练结合，鼓励创新**

本书每节课程都包含了多个作品，讲解与练习相互穿插，让学会的知识能够迅速得到应用和强化。本书中的作品可以大致分为三类。

- 第一类：针对某些知识点的实战练习，逻辑复杂度较低，帮助读者理解相应知识点。
- 第二类：针对一节课程所学知识的阶段性应用，逻辑复杂度适中，针对当节课程所学的知识点进行复习。
- 第三类：针对所学知识的综合实战，逻辑相对较为复杂，具有一定的挑战性。

◘ **丰富的学习资源**

1. 案例资源与视频讲解

针对本书，我们提供了与之配套的案例资源以及详细的视频讲解。

出于资源能够持续性更新的考虑，我们将案例素材以及相关资源，收录至"码匠"的公众号中，关注公众号即可获取相应资源。

与本书内容配套的视频讲解，可以在视频播放地址中查看（见图1）。

图1　与本书配套的案例素材、视频讲解等线上资源

2. 交流与勘误信息

对于本书，如果您有任何想法或意见、发现了任何问题，都可以在"码匠"的公众号中

找到我们，我们也会将本书的勘误信息发布在公众号中，供您查阅。

除此之外，您还可以在B站私信我们（码匠），将自己制作的作品链接地址发给我们，让我们一起欣赏您的作品！

如何使用本书学习编程

◉ **本书内容概览**

本书主要讲解的编程知识包括：编程是什么，关于编程的基础知识，角色、背景、编程逻辑、Scratch中各类常用与重要的积木（运动、外观、声音、事件、侦测、变量、随机、消息、克隆、列表、自制积木等）。

本书共分为三大部分，分别是序篇、主内容部分以及综合实战部分。

- 序篇：主要涉及编程的基本概念、为何要学习Scratch编程、本书特点、Scratch软件的下载与安装、Scratch软件界面、Scratch作品的体验等内容。

- 主内容部分：由易到难、由浅入深地讲解编程的核心知识，共包含4个单元，每个单元由3节课程组成，具体涉及的核心知识以及学习之后能够使用Scratch实现哪些功能，请详见表1。

- 综合实战部分：应用已学习的Scratch知识完成一个完整作品的开发。

表1 本书核心部分模块划分及内容概要

单元划分	核心编程知识	能做什么
序	编程的概念 Scratch软件使用方法与作品发布 Scratch软件界面基础知识 Scratch积木的四大类型	认识Scratch编程 熟练使用Scratch软件 认识Scratch软件界面 通过跟随本书制作Scratch作品，体验Scratch的魅力
第1单元	角色与背景 运动模块 声音模块 外观模块积木 简单的事件与控制（循环） 简单复杂度的编程逻辑	添加及修改背景 添加及修改角色 学会搭建积木，为舞台中的背景、角色下达指令 理解并能够实现角色的初始化 能够通过搭建积木，实现角色移动、发出声音、改变造型等功能 能够在作品中合理地使用重复执行，实现无限循环操作以及程序的合理优化

续表

单元划分	核心编程知识	能做什么
第2单元	事件模块 控制模块 侦测模块 变量与随机数 中等复杂度的编程逻辑 流程图	能够使用键盘控制角色移动 熟练运用侦测积木进行条件判断 能够合理使用变量，进行数值的处理 能够合理使用随机数积木，增加作品趣味性 熟悉流程图相关知识，能根据流程图优化自己的作品流程，明晰作品的构思过程
第3单元	运算模块 消息的广播与接收 控制的综合应用 扩展模块 画笔模块	运用运算符进行数字的运算 能够在判断条件中合理运用与、或、非积木 运用消息实现角色与角色之间的联动 进一步提升作品的功能复杂程度
第4单元	克隆的应用 列表的应用 自定义积木	通过克隆积木，将一个角色克隆多个至舞台上 能运用列表，进行有序数据的处理 运用自定义积木，简化积木复杂程度，提升积木的复用性
第5单元	较为复杂的编程逻辑 Scratch作品综合实战	制作完整的Scratch作品

◼ 本书适用人群

本书不仅仅适用于6~12岁的小学生。不管年龄有多大，中学生、大学生、父母以及所有想要学习计算机编程的成年人，都可以使用本书学习编程，享受编程带来的趣味。

如果你是中小学的计算机教师，或者是STEM课程研发人员、培训机构的工作者、Scratch的初学者、爱好者，这本书也可以为你带来一些帮助或启发。

在计算机上使用Scratch

◼ Scratch在线版与离线版

掌握Scratch软件的使用方法，是通过Scratch软件编写作品的前提。可以直接使用在线编辑器，也可以使用下载的Scratch软件制作作品。

在线版的Scratch编辑器，必须在网络环境下使用，需要在相应网站中注册账号，可以将自己制作的优秀作品发布到网络上，与全世界的小伙伴分享。

下载后的Scratch软件，不需要网络环境就可以使用。

Scratch拥有2.0和3.0两种不同的软件版本，其中，Scratch 3.0版本的界面很清晰美观，也易于查看和操作。因此，更推荐大家使用Scratch 3.0版本进行学习，本书中的案例及课程也是基于Scratch 3.0进行讲解的。Scratch 3.0中文版软件以及其他学习资源，请在我们的公众号中获取。

1. 在线使用 Scratch（需运行于网络环境下）

在线版Scratch需要注册账号，你可以选择如下任意一种平台进行账号注册，之后进入Scratch 3.0的操作界面。

- 奇码官网：https://www.5aqima.com/，登录后在"去创作"中选择"Scratch 3.0"。
- 卡搭官网：https://kada.163.com/，登录后在"创作"中选择"Scratch 3.0"。

提示：在线运行Scratch时，请使用较新的浏览器，例如谷歌（Chrome）、火狐（FireFox）、360安全浏览器等，推荐选用谷歌浏览器。

Scratch 3.0在线编辑器操作界面如图2所示。

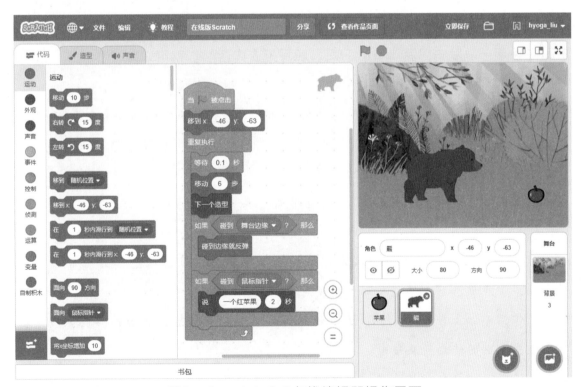

图2　Scratch 3.0在线编辑器操作界面

2. 离线使用 Scratch（下载并安装到计算机）

如果不想使用在线版Scratch，也可以将Scratch 3.0下载到本地计算机，完成安装之后，就可以在没有网络的情况下进行软件编程了。

离线使用Scratch时，必须将作品保存到自己的计算机上，如果希望和其他的小朋友分享自己的作品，则需要在相应网站上注册账号，并上传作品。

◙ Scratch作品的相关操作

1. 作品的保存、导出与导入

无论是使用离线版还是在线版软件制作作品时，都请及时保存（按Ctrl+S组合键，或单击界面中的"保存"按钮）。

使用在线版Scratch完成作品的制作之后，可以直接发布到相应网站上，也可以将其导出，下载并存储到本地计算机中。

存储在本地计算机中的作品，可以上传到网站进行修改或发布。

2. 作品的发布

制作完成作品之后，可以进入作品的发布界面。在作品发布前，往往需要填写作品的名称、介绍信息、操作说明等。

不同在线平台"发布界面"有所不同，填写相应内容后，就可以单击"发布"按钮完成作品发布了。

- 填写作品的名称：简洁、富有创意的名称能够吸引更多的小朋友来分享你的作品。
- 填写操作说明：你制作的作品/游戏要如何操作，将操作说明书写清楚，其他小朋友才能够懂得如何操作作品中的角色。
- 填写作品介绍信息或备注：合理地书写作品介绍，能够让其他小朋友更了解你的作品。
- 为作品设置开放状态：可以为作品设置保密状态，保密状态下只有你自己可以看见，常规状态下，每个人都可以查看你的作品。
- 为作品添加上合理的标签：根据你的作品类型添加标签，你的作品就会展示在网站相应类别的作品列表当中。
- 选择移动端操作按键布局：根据作品的具体功能选择合适的移动端操作板（例如是否需要用户参与，作品中需要用户操作哪些按键等）。

提示：不同的软件平台操作界面有所不同，每个平台还会针对发布界面定期修改。

Scratch软件界面

Scratch软件的界面由以下四个区域组成：菜单栏、舞台区域、脚本区域以及素材区域（见图3）。

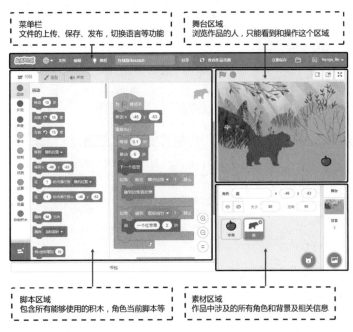

图3　Scratch 3.0在线编辑器界面组成

其中，脚本区域包括角色脚本区、积木区（基本脚本区）、造型（背景）区、声音区；素材区域包含角色区、背景区和角色信息区（见图4）。

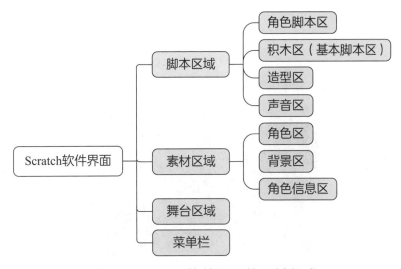

图4　Scratch软件界面的区域组成

● **菜单栏**

通过使用菜单，可以进行作品的新建、命名、导入（从计算机中上传到软件）以及导出（从软件中下载到计算机），具体如图5所示。

图5　Scratch界面介绍——菜单栏

单击"保存"能够及时存储当前作品的制作进度，在制作完毕后，单击"发布"按钮（或"分享"按钮）可以将作品发布到网站当中。

单击地球仪的标识，可以切换当前语言。

● **舞台区域**

舞台区域的大小为480×360像素（严格地说，应该是481×361像素），用于实时展示作品，最终导出的作品即是舞台当前的内容（包含角色、背景、声音等）。

在舞台区的左上方，有一红一绿两个按钮，其中绿色旗帜表示让程序开始运行，而红色八边形表示让程序停止运行，在制作作品过程中，可以通过单击绿色旗帜或红色八边形来进行作品的调试。

在舞台区的右上方，有三个图标，用于切换布局模式，你可以尝试单击它们，查看舞台区的变化（见图6）。

图6　Scratch界面介绍——舞台区域

◉ 脚本区域

脚本区域，由角色脚本区、积木区（基本脚本区）、造型（背景）区与声音区组成。积木区、造型（背景）区、声音区可以通过顶部的标签进行切换（见图7）。

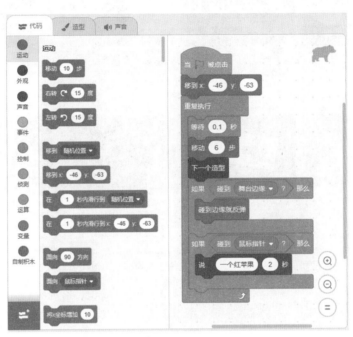

图7　Scratch界面介绍——脚本区域

积木区中存在不同类型的多种基本脚本，将某个基本脚本拖曳到角色脚本区，即为该角色添加了这个脚本命令，将积木区的多个基本脚本拖曳到角色脚本区，并进行组合处理，该角色就拥有了相应的功能。

- 积木区：存放基本脚本，这些基本脚本是构成角色脚本的组成部分。除了默认展示的积木之外，还可以通过左下角的按钮添加额外的积木（如画笔、音乐、视频侦测、翻译等）。

- 角色脚本区：当前所选择的角色拥有的脚本。

- 造型（背景）区：当选择某个角色（背景）时，可以在该区域针对该角色（背景）进行编辑和处理，有些角色拥有多种造型，可以通过编程控制，让角色的造型发生变化。

- 声音区：在声音区，可以上传、录制、选择一些声音，为作品添加动听的声音或音效，让作品更好玩、更有趣。

Scratch界面的其他类型积木见图8。

图8 Scratch界面介绍——其他类型积木

◉ 素材区域

素材区域包含角色区、背景区以及角色信息区（见图9）。每个角色和背景都拥有属于自己的一套脚本，在选择某角色或背景时，左侧脚本区的内容也会随之切换。

图9 Scratch界面介绍——素材区域

Scratch游戏或项目，就是通过脚本，为角色和背景添加功能，并将众多的角色、背景结合起来而实现的。

● 角色与背景区：在作品中使用的角色、背景会显示在此处。

● 角色信息区：当选择某个角色时，该区域中会展示角色方向、大小、位置等信息。

四种积木类型

Scratch软件中包含了多种多样的积木。从积木样式与特点方面划分，可以将这些积木分为四大类，即开始类型积木、普通类型积木、条件类型积木、值类型积木（见图10）。

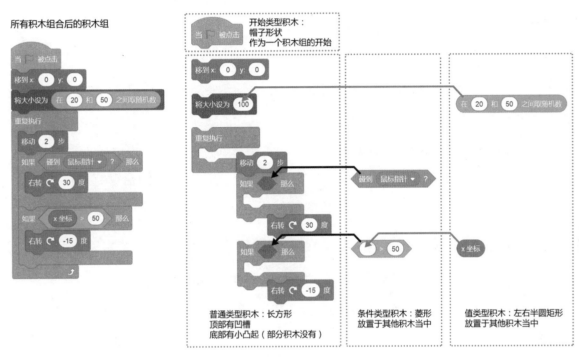

图10　不同类型的积木

- 开始类型积木：帽子形状，故也称帽子积木，往往作为一段积木组的开始，在它的前面不能连接其他积木。

- 普通类型积木：长方形，可以直接放置于角色的积木组当中，是角色功能的重要组成部分。
  - 大部分的普通类型积木，前后都可以连接其他积木。
  - 极少数的普通类型积木，后面不能连接其他积木。
  - 有一些普通类型积木当中，可以嵌套其他积木。

- 条件类型积木：六边形，不能够直接放置于角色的积木组当中，通常用作"如果……那么……"等积木的判断表达式。

- 值类型积木：左右两侧为半圆的矩形，不能够直接放置于角色的积木组中，可以放置到其他积木的数值区域中。

如果从积木功能方面进行分类，可以将Scratch中的积木分为十大类，分别是：运动、外观、声音、事件、控制、侦测、运算、变量、自制积木（自定义积木）以及扩展积木。

常用快捷键

◉ 复制、粘贴与剪切

Ctrl + C：复制；Ctrl + V：粘贴；Ctrl + X：剪切。

需要复制积木时，可以用鼠标单击相应积木，然后按Ctrl + C组合键完成复制。之后在需要粘贴的位置，按Ctrl + V组合键完成粘贴。

对于需要移动位置的积木（如从角色A移动至角色B），可以用鼠标单击相应积木，然后按Ctrl + X组合键完成剪切。之后在需要粘贴的位置，按Ctrl + V组合键完成粘贴。

注意：被复制的内容会存储在计算机的剪贴板中，我们无法看到剪贴板中的内容。

◉ Backspace（退格键）与Delete（删除键）的区别

在选中积木时，按退格键或删除键，可以将这个积木删除掉。

在处理积木当中的文字时，退格键删除的是光标前面的内容，而删除键删除的是光标后面的内容。

体验Scratch作品开发——恐龙吃水果

在了解了Scratch软件的基本使用之后，或许你已经迫不及待地想要制作一个作品了！那么就跟我一起，一步步完成作品的制作吧！

◉ 作品展示（见图11）

图11　体验Scratch——恐龙吃水果

提示：建议先体验作品效果，再跟随视频制作作品（请扫描序中提供的二维码，查看视频）。

◉ 作品功能

小恐龙需要接住从树上掉落下来的水果。

● 有多种水果，从树上不停地掉落下来。

● 游戏者通过键盘的左右键进行操作，按方向键的左键（←）时，小恐龙向左移动；按方向键的右键（→）时，小恐龙向右移动。

● 游戏开始时，得分为0分，游戏时长为60秒，当游戏时间为0秒时，游戏结束。

● 在游戏过程中，如果小恐龙接住了树上掉下来的水果，则总分加1分，如果没有接住，水果掉落在了地上，总分减1分。

◉ 作品开发锦囊

这是第一个Scratch作品，请跟着我，一步一步地完成它吧！如果不知道积木在哪里，可以去颜色相对应的积木选项中寻找。

这个作品所涉及的知识，在本书中都会进行详细讲解。在本书中，我们会逐步制作难度更高、功能逻辑更复杂的作品。

致谢

本书终于能够付诸出版，感触良多，在此，感谢所有给予我们帮助、灵感和建议的人们。

在撰写本书的过程中，我们尽可能采用了通俗易懂的语言描述编程知识，但也难免会存在一些问题，还请各位读者多多包涵。

第3单元　Scratch进阶

第4单元　Scratch提升

第5单元　Scratch综合实战

第1单元
Scratch入门

＊ ＊ ＊ ＊ ＊ ＊

　　每个Scratch作品都是由角色和背景组成的，通过对角色和背景进行操作，实现作品的动画效果。

　　本单元共分三课，详细讲解了Scratch中的运动、外观、声音模块积木，以及事件模块中的"当绿旗被点击""当背景切换为"积木、控制模块当中的"重复执行""等待1秒"积木。

　　本单元涉及的各类积木，逻辑难度较低，使用方法较简单，是Scratch的每个作品中必不可少的组成部分，也是实现各种复杂功能的基础，请熟练掌握。

　　通过本单元的学习，能够掌握作品初始化、角色与背景的基本操作方法，实现角色外观变化、位置移动等功能，能够让角色发出一些声音、说或思考一些话语，制作包含简单动画的个人作品。

＊ ＊ ＊ ＊ ＊ ＊

第 1 课　美丽草原

学习目标

＊ 能够实现角色、背景的添加与删除；

＊ 能够使用通俗易懂的语言，解释初始化的概念与作用；

＊ 能够通过设置x与y的值，设置角色在舞台区当中的位置；

＊ 掌握平面直角坐标系的知识；

＊ 能够使用积木，设置角色的大小与方向；

＊ 初步认识事件的概念，并能够使用"当绿旗被点击"积木；

＊ 能够根据需求，独立完成作品"草原的新朋友"的制作。

1-1　把角色搬上舞台

◉ 角色与背景

每一个作品，都包含多个角色与背景。只有为角色、背景添加各种积木，才能够制作多样的Scratch作品。

制作Scratch作品的第一步，是将所需的素材（角色和背景）添加到作品当中，之后为这些素材（各个角色、背景）添加积木块，实现一些功能。

◉ 添加角色

添加角色：在角色区当中，将鼠标指针移入角色区右下角的猫咪图标上时，会弹出菜单，菜单包括"选择一个角色""绘制角色""随机一个角色""上传角色"几种选项（见图1.1）。

单击"选择一个角色"的"放大镜"图标之后，会进入软件默认的角色页面（见图1.2），可以在其中选择任意一个角色，在选择之后，这个新角色就会出现在角色面板中，角色就添加完成了。

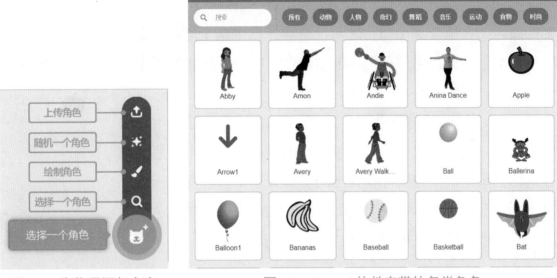

图1.1　为作品添加角色　　　　　图1.2　Scratch软件自带的各类角色

如果多次选择同一个角色，这个角色会被添加多次，在角色面板中也会展示多个角色，虽然这些角色看上去一模一样，但是各个角色是相互独立的（见图1.3）。

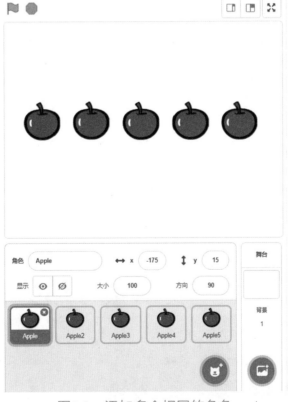

图1.3　添加多个相同的角色

◉ 选择角色与删除角色

　　选择角色：在操作某个角色之前，需要先选中这个角色。在角色面板中，单击相应角色的缩略图就可以选中该角色，选中一个角色后，脚本区域中的内容也会展示该角色所拥有的脚本（积木组）。

　　删除角色：如果不再需要某个角色，可以在角色面板中，选中相应的角色，单击右上角的叉号（×）就可以删除这个角色（也可以在角色上单击鼠标右键，在弹出的快捷菜单中，选择"删除"选项来实现，见图1.4）。需要注意的是，在删除角色时，这个角色对应的积木组也会一并被删除。

图1.4　右击删除角色

◉ 上传角色与绘制角色

　　如果想要使用Scratch软件中没有的角色，可以上传角色或者自行绘制角色。

　　上传角色：将本地计算机的素材文件上传到Scratch软件中。单击"上传角色"，选择需要上传的图片文件即可。

　　绘制角色：单击"绘制角色"（图1.1中画笔样式的图标），使用各种工具绘制即可。

编程提示

　　❶ 作品中素材的来源

　　制作作品时，可以根据实际情况选择使用哪些角色和背景。对于这些角色和背景，可以使用软件内置的素材，也可以从网络上寻找自己所需的素材，再上传到作品中。

　　❷ 背景的操作方法

　　删除背景：需要先选中"背景"，将代码选项卡切换为背景选项卡，之后再删除某个背景。

　　背景的选择、添加、上传等各类操作，与角色的选择、添加、上传的操作方法相同，在此不再重复讲解。

动动手——狮子王

❶ 作品效果图

作品效果图见图1.5。

图1.5 作品效果图——狮子王（角色面板实现）

❷ 作品功能

狮子王带领着一群动物们，出现在非洲大草原上。

- 舞台背景为非洲大草原。
- 在草原上，有各式各样的草原动物。

❸ 作品步骤提示

- 本作品中的所有素材均为Scratch软件的默认素材。
- 删除舞台上原有的角色。
- 为作品添加合适的背景。
- 为作品添加多个角色。
- 拖曳角色，并调整角色位置，观察信息面板中数值的变化。

注意：最新被拖动的角色会叠放在所有角色的最上方。

❹ 额外备注

在本书中，动动手以及每节课最后的作品实战部分都提供了具体的视频讲解，可以扫描序中的二维码进行查看。

1-2　重要的初始化

◉ 角色信息面板

角色信息面板位于舞台区的下方，实时展示被选中角色的基本信息，主要包括角色的名称、角色相对于舞台（画布）的位置、角色的方向、角色的显示状态以及角色大小（见图1.6）。

图1.6　角色信息面板

在前一课的动动手当中，拖曳舞台中的角色时，角色信息面板的数值也会随之发生变化。如果修改角色信息面板的数值，角色的位置、大小也会随之发生改变。

请尝试修改角色信息面板中的数值和内容，查看角色的显示效果。

■　角色位置：表示角色中心点在舞台当中的位置，当x和y均设置为0时，角色的中心点与舞台的中心点相重合。

■　显示状态：通过单击眼睛图标，能够让角色显示或隐藏在舞台中。隐藏的角色并没有被删除，只是视觉上隐藏了而已。

■　角色大小：默认角色大小为100，这个数字是百分比，100即为100%大小（原始大小）。在舞台中，往往有很多角色，各个角色的原始大小各不相同。

■　角色方向：角色方向是一个角度度数，同时拥有三种不同的旋转模式，分别是"任意旋转""左右翻转"和"不旋转"，"任意旋转"就是我们日常最为常见的普通旋转。

■　角色名称：每个角色都有一个名字，为角色起一个合理的名字，有助于帮助我们在众多角色当中快速寻找到它（见图1.7）。

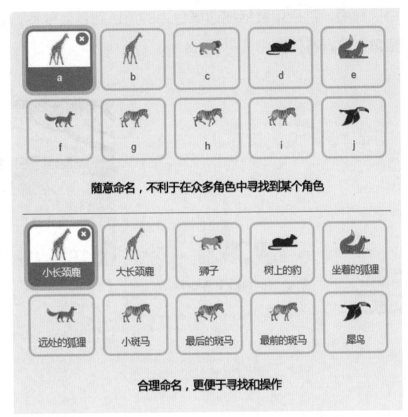

图1.7　两种角色相同，但角色名字不同的作品

　　我们为作品添加了多个角色，并通过角色信息面板，为每个角色设置好了位置、方向、大小。此时，如果在舞台区中拖动一下角色，整个画面的效果都发生变化！于是，我们不得不重新调整角色的位置。

　　这样的操作实在是太麻烦了，那么，怎样才能让角色快速复原成最初的样子呢？此时，可以使用积木来实现这个功能。

◉ 第一块积木

　　积木分为多种不同的模块（也可称为"类别"），不同模块的积木拥有不同的颜色。

　　运动模块中的积木，控制着角色的位置和方向，是让角色行走、运动的关键。而我们要掌握的第一块积木就是"运动模块"中的"移到x：0，y：0"。

　　选择角色后，找到运动模块中的"移到x：0 y：0"的积木，将其拖曳到角色脚本区。合理修改积木圆圈中的两个数字，再次用鼠标单击这个积木，查看角色的变化。

设置好积木中的数值，然后用鼠标拖动舞台中的角色到其他位置，之后再次单击这块积木，仔细观察角色位置有何变化（见图1.8）。

图1.8　为角色添加第一块积木

● 角色方向与大小的控制

角色的初始位置，能够通过"移到x:0，y:0"积木来进行设置。角色的初始大小和方向，也可以通过积木来实现。此处需要使用"面向90度"（运动模块）和"将大小设为100"（外观模块）两种积木（见图1.9）。

拖曳某个积木到另一个积木下方时
会出现左图的样式
松开鼠标，两个积木会连接贴合起来

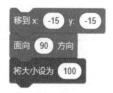

左图几个积木的功能，从上到下是：
让角色移动到x值y值为-15的位置
让角色面向90度方向
将角色大小设置为100%

图1.9　角色大小、方向、位置属性的设置

将几个积木连接到一起，就构成了一个积木组，程序会按照从上到下的顺序执行每个积木。

点击绿旗与初始化

在编写作品时，编写者可以操作角色脚本区中的任意积木；当作品发布之后，查看作品的人并不能够直接操作积木。

为了让查看作品的人能够操作作品，让作品"开始"运行，需要使用到"事件"的相关积木。在众多事件中，最常用、也是作品中必不可少的一种事件，那就是"当绿旗被点击"。

将设置好位置、大小和方向的积木，连接在"当绿旗被点击"的积木下方，之后点击绿旗尝试一下吧！

作品发布前后可操作性的区域如图1.10所示。

图1.10 作品发布前后可操作性的区域

初始化：在作品中，每个角色都拥有初始的位置、大小、方向等属性，在作品运行时，角色的位置、大小等都有可能发生变化。因此，在作品每次开始运行时，都需要将角色的初始状态设置好，设置角色初始状态的过程叫作初始化。

9

编程提示

❶ 复制、删除积木的方法

复制积木块（可以将一个角色的积木复制给另一个角色）：

● 方法1：选中积木块，使用快捷键Ctrl+C，在需要粘贴的地方按下快捷键Ctrl+V。

● 方法2：选中积木块，单击鼠标右键，在弹出的快捷菜单中，选择"复制"选项，将复制的积木块拖曳到相应角色上。

删除积木块：

● 方法1：选中积木块之后，按下键盘上的Delete键。

● 方法2：在积木块上单击鼠标右键，在弹出的快捷菜单中，选择"删除"选项。

❷ 需要初始化的属性

针对哪些属性进行初始化，取决于在作品中哪些属性发生了变化。

对于作品运行之后，大部分发生变化的属性（如大小、位置、方向、显示状态、层叠关系、造型、背景、变量值等），都需要使用积木进行初始化设置，而在作品中没有发生变化的属性往往不需要进行初始化设置。

动动手——狮子王

❶ 作品效果图

作品效果如图1.11所示。

图1.11　作品效果图——狮子王（积木实现）

❷ 作品功能

狮子王带领着一群动物们出现在非洲大草原上。

● 舞台背景为非洲大草原。

● 在草原上有各式各样的草原动物。

● 每次点击绿旗，动物都会以固定大小、固定方向出现在固定位置。

❸ 作品步骤提示

● 本作品中的所有素材均为Scratch软件的默认素材。

● 为作品添加合适的背景。

● 为作品添加多个角色。

● 使用积木，完成每个角色的初始化。

● 根据自己的喜好，调整角色的大小、位置和方向。

● 可以使用运动、外观当中的积木进行作品创作，自由发挥创意，将动物放置在自己喜欢的地方，设置合理的大小以及方向。

1-3 位置、方向及大小

在"移到x:0，y:0"积木当中，这两个数字与角色位置有什么关系呢？为何将x的值设置成了负数，y值设置成了正数，角色就出现在了舞台的左上方呢？

想要解决这些疑惑，需要先掌握数轴以及平面直角坐标系的知识。

◉ 数轴

在数学中，可以用一条直线上的点来表示数，这条直线就叫作数轴。

直线由无数个点组成，向两端无限延伸，我们可以在直线上取一个点，作为原点。在确定原点之后，从原点向右为正方向，原点右侧的点都是大于零的，越右端的值就越大；原点左侧的点都是小于零的，越左端值就越小。数轴举例如图1.12所示。

查看以下两个温度计，说出当前温度计的温度（见图1.13）。

图1.12　横放的温度计，可以看作一个数轴，当前温度为0℃

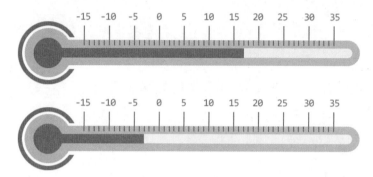

图1.13　两个温度计，上面的温度为17℃，下面的温度为-3℃

平面直角坐标系

在Scratch中，角色处于一个平面。平面中，互相垂直且有公共原点的两条数轴构成了平面直角坐标系（见图1.14）。平面直角坐标系中的任意一个点都有唯一的位置，这个位置由两个数值来决定（x值和y值）。

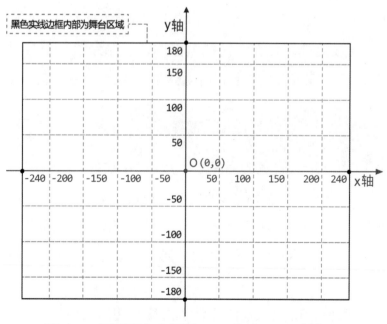

图1.14　平面直角坐标系（481像素×361像素）

平面直角坐标系的两条数轴分别置于水平和垂直位置。水平的数轴叫作x轴，向右为正方向；垂直的数轴叫作y轴，向上为正方向。x轴与y轴的交叉点就是平面直角坐标系的原点（O点）。

在Scratch的舞台中，平面直角坐标系的原点（O点）位于舞台的正中央，而每个角色的位置坐标，表示的是该角色中心点在平面直角坐标系中的位置。

在图1.15中，B~D点的坐标值分别是：

- B点，x值为-100，y值为50，B点的坐标值为（-100，50）；
- C点，x值为-150，y值为-100，C点的坐标值为（-150，-100）；
- D点，x值为200，y值为-75，B点的坐标值为（200，-75）。

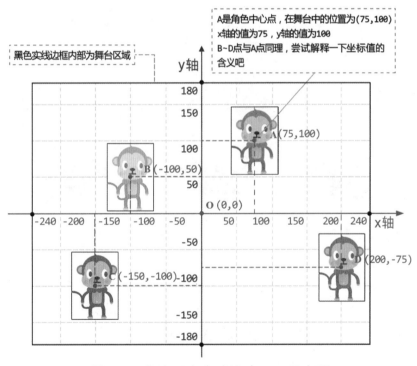

图1.15　舞台及角色中心点——示意图

◉ 三种旋转模式

角色初始面向90度方向，角色方向的旋转模式有三种，分别是"任意旋转""左右翻转"和"不旋转"。同样的角度值，在设置不同旋转模式之后，角色的方向状态也有所不同。

任意旋转，角色方向会随着角度值的变化而变化（见图1.16）。

任意旋转模式

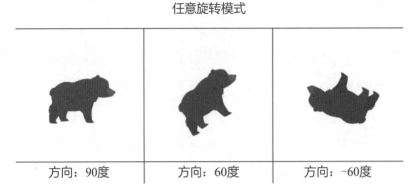

| 方向：90度 | 方向：60度 | 方向：−60度 |

图1.16　角色设置为任意旋转时角色面向的方向

左右翻转，只存在两种状态（左、右），当旋转角度大于0度，小于或等于180度时，角色面向初始方向；当旋转角度小于或等于0度，大于−180度时，角色面向初始方向的反方向（见图1.17）。

左右翻转模式

| 方向：90度 | 方向：60度 | 方向：−60度 |

图1.17　角色设置为左右翻转时角色面向的方向

不旋转，无论将方向设置为任意值，角色图像的方向都不会发生变化。

在不旋转和左右翻转两种模式中，相同的图形效果，面向的具体角度可能有所不同，这些方向的数值与具体角色运动的方向有关，在本单元的第3课当中会进行详细的讲解。

◘ 位置、方向、大小的取值范围

角色的位置、方向、大小的值，均有合理的取值范围，均为整数。如果在角色信息面板中输入的值是小数，则会自动变成整数。

不同角色，在进行位置、方向、大小设置时，在数值的取值范围方面会有一些细微的差别，但是所遵循的原则是相同的。

- 角色的x值和y值不能够设置得太大或太小，通常角色会有一部分显示在舞台当中。
- 默认角色大小为100（%），角色大小不能设置太大或太小。
- 角色角度的取值范围为-179～180，超出的部分会自动转换成相应的度数。
  - 当角度数值大于180，会从-179、-178、-177…开始记录度数。
  - 当角度数值小于-179，会从0、1、2…开始记录度数。

编程提示

❶ 显示状态与层叠关系

除了位置、大小和方向之外，还可以为每个角色指定显示状态和层叠关系。这几种积木位于"外观模块"中，可以动手尝试一下。

层叠关系：当舞台中有多个角色时，角色之间有可能会出现相互遮挡的现象，层叠关系决定着哪个角色在上，哪个角色在下。

❷ 多个积木组成的积木组，积木顺序不同，运行结果也有可能不同

顺序结构是程序设计中最简单的一种结构，在Scratch中，面对需要使用顺序结构实现的功能，只需要按照解决问题的顺序，拼贴相应的积木块就可以了，它的执行顺序是自上而下，依次执行。

对于顺序结构的多个积木块，如果当前有A和B两个块，两者的执行顺序不会对最终结果造成任何影响，则可以更改积木块的顺序；如果A和B的执行顺序对最终结果有影响，则不能随意更改积木块的顺序。在图1.18中，左侧两组积木组中的积木顺序，不会对最终效果造成影响；右侧两组积木组中的积木顺序，会对最终效果造成影响。

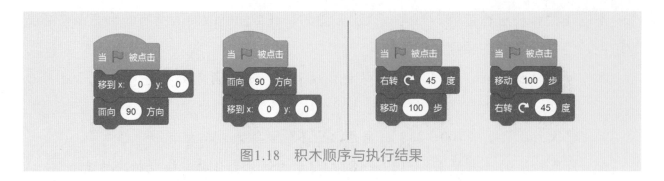

图1.18　积木顺序与执行结果

动动手——位置猜猜猜

平面直角坐标系，可以划分为如图1.19所示的四个区域。

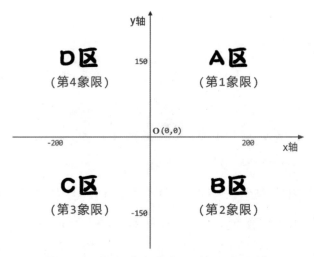

图1.19　平面直角坐标系的四个区域

请回顾已经学习的知识，结合制作作品时的实战经验，根据给出的角色坐标位置，猜测以下这些角色会出现在哪个区域（见表1.1）。

表1.1　角色信息与所处区域对照表

角色名称	角色坐标	角色处于的区域
狮子王	(125，80)	
羚羊	(−50，110)	
斑马	(−120，−100)	
黑豹	(180，−50)	

答案：狮子王出现在A区，羚羊出现在D区，斑马出现在C区，黑豹出现在B区。

1-4　作品实战——草原的新朋友

◉ 作品效果图（见图1.20）

图1.20　作品效果图——草原的新朋友

◉ 作品功能

在非洲大草原上，来了几个新伙伴，请根据给出的信息（见表1.2），为它们进行初始化设置，之后点击绿旗，查看效果。

- 舞台背景为草原背景。
- 舞台上有各式各样的动物及其他角色，针对这些角色进行初始化设置。

表1.2　草原上各个动物的角色信息

角色	x坐标	y坐标	面向方向	旋转模式	大小	层叠关系
刺猬	60	−100	−90	左右翻转	30%	—
啄木鸟	200	40	−90	左右翻转	30%	—
袋鼠妈妈	−140	0	90	—	60%	—
袋鼠崽崽	−98	−2	90	—	15%	最前面
虫子	141	−137	90	—	10%	—
果子	63	−67	76	任意旋转	13%	最前面
果子−2	90	−70	135	任意旋转	10%	最前面
果子−3	131	−133	60	任意旋转	12%	最前面

◉ 作品步骤提示

- ■ 本作品中的所有素材，请到我们的公众号中下载。

- ■ 设置作品的背景。

- ■ 为作品添加多个角色。

- ■ 根据信息，使用相关积木，完成所有角色的初始化（涉及角色的大小、位置、方向、层叠关系、旋转模式等）。

- ■ 根据我们提供的表格完成积木搭建之后，建议根据自己的想法，发挥想象力和创造力，制作一个自己的案例。

- ■ 在保存作品前，可以将角色拖至不同位置。作品的使用者在操作作品时，点击绿旗，就可以拼出一个完整的画面了。

第2课　草原之旅

学习目标

* 能够实现声音的添加、修剪、录制与删除；

* 熟练掌握对话类、声音类积木的使用方法；

* 能够使用对话类、声音类积木，配合等待1秒积木，流畅地叙述故事；

* 能够使用积木，完成角色造型和背景的切换；

* 能够根据需求，独立完成"奇妙的草原旅行"作品的制作。

2-1　让角色说话和思考

◉ 让角色"说"

通过积木，能够让角色"说"出一些话，这些话会以文字的形式展示在舞台中。我们可以借此让角色成为作品的主角，向作品的浏览者们介绍一些信息。

实现角色"说"的积木有两种，分别是"说'你好！'2秒"和"说'你好！'"。尝试运行如图2.1所示两组不同的积木，感受一下这两种"说"的区别吧！

图 2.1　说XX 与 说XX2秒的区别

图2.1左侧有秒数控制的"说"在运行时，首先角色会说出"你好！"，在2秒之后角色会说"我是利利"，再过2秒之后，这句话会消失。

图2.1右侧没有秒数控制的"说"在运行时，无法看到角色说出"你好！"，角色会说"我是利利"，而且这句话会一直保留在舞台当中。

那么，是什么原因导致图2.1右侧的积木组在运行时只能看到角色说出"我是利利"这句话呢？

这种现象与计算机的运行速度有关。计算机的运行速度非常快，在1秒之内能够执行很多块积木。对于右侧的积木组，计算机首先执行了第一块积木，之后非常快地执行了第二块积木，由于执行这两个积木的时间间隔非常短，"你好！"这句话被"我是利利"这句话所替代，而我们的眼睛并没有观察到这个过程，只能看到最终的显示结果。

◉ 角色的思考

人类能够使用大脑思考一些事情，这些事情并不会从嘴里说出来。在Scratch中，对于这些"思考"的内容，也可以通过相应的积木来表现（见图2.2）。

图2.2　与思考相关的积木

与让角色"说"的积木类似，角色思考的积木也有两种，分别是"思考'嗯……'2秒"和"思考'嗯……'"。

角色思考与角色说，在功能方面具有一定的相似性，而在样式方面，这两种积木表现有所不同（见图2.3）。

图2.3　说与思考的区别

◉ 角色也需要休息

积木运行时，计算机会从上到下依次执行搭建好的积木组。如果希望在一个积木与另一个积木之间有所停歇，对积木组的执行过程进行控制，可以使用"等待1秒"这个积木（见图2.4）。

等待1秒，属于控制类模块，具体的秒数可以根据具体情况进行修改，秒数可以为小数。当执行到这个积木时，积木块的执行会暂停下来，在等待相应秒数之后，再继续执行。这个积木块在对话、运动等功能中应用极其广泛。

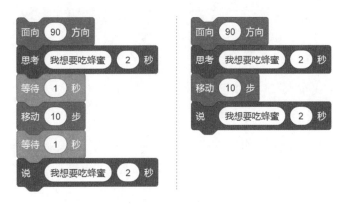

图2.4　让角色休息一下——等待1秒

注意：角色说以及角色思考的积木，并不是让角色真正发出声音，而是以文字的形式，将角色的一些话语和想法表现出来。如果希望让角色真正发出声音，请继续往后学习。

编程提示

❶ 角色的隐藏状态对角色功能的影响

当角色被隐藏时，角色说以及角色思考积木的文字内容都无法展示在舞台中。

动动手——寻宝之旅的小伙伴

❶ 作品效果图

作品效果如图2.5所示。

图2.5　作品效果图——寻宝之旅的小伙伴

❷ 作品功能

在Scratch寻宝之旅的路上，有两个小伙伴会跟你一起前进，他们分别是利利和硕硕，他们要进行自我介绍了，快来认识一下他们吧！

● 舞台背景为大草原。

● 在舞台上有两个动画角色，分别是利利和硕硕，他们将带你一起学习和制作这本书中的各种案例。

● 点击绿旗后，利利和硕硕会向大家进行自我介绍。

❸ 作品步骤提示

● 本作品中的部分素材，请到我们的公众号中下载。

● 为作品添加合适的背景。

● 为作品添加角色（利利、硕硕）。

● 使用相关积木，完成所有角色的初始化。

● 根据自己的喜好，使用说、思考、等待1秒等积木，编写对话内容。

● 可以自由发挥创意，添加新的角色，并让它们进行对话。

2-2　有声的世界

▣ 选择声音

让角色真正地发出声音，需要使用一些声音素材以及与声音相关的积木来实现。

选择声音，首先要切换到声音界面，单击软件左上方的"声音"选项卡，就进入了操作声音的界面。在这里可以从软件库中选择一个声音，也可以上传一个新的声音文件，还可以针对声音进行操作与修改（见图2.6）。

当鼠标指针移入声音界面左下角的喇叭按钮上时，会弹出一个菜单，菜单包括"选择一个声音""录制声音""随机一个声音""上传声音"几个选项。

单击"选择一个声音"的"放大镜"图标之后，会进入软件默认的声音库，可以在其中选择任意一个声音素材，选择之后，这个新声音就会出现在"声音"选项卡中了。

如果希望删除之前添加的某个声音，单击声音右上角的"关闭"按钮即可。

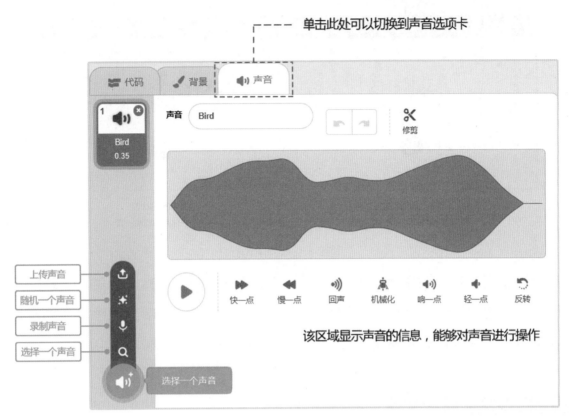

图2.6　声音面板的相关说明

播放声音的积木

添加声音之后，就可以通过积木操作声音。

与声音有关的积木，包含播放声音、停止声音、调整音调的音效、音量控制等。控制声音播放和停止的积木共有三种，分别是"播放声音XXX等待播完""播放声音XXX"和"停止所有声音"（见图2.7）。

图2.7　播放声音的积木

录制声音

除了使用声音库中的声音之外，还可以自行录制声音。

将鼠标指针移入左下角的喇叭按钮，在弹出的菜单中，单击"录制"图标，进入录制声音的界面，见图2.8（左侧绿条为当前声音的音量）。

单击"录制"按钮开始录制声音；录制结束之后单击"停止录制"按钮。

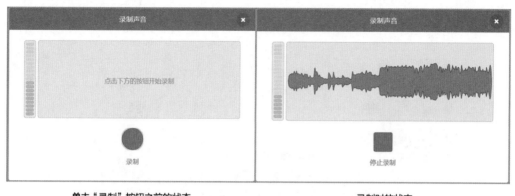

单击"录制"按钮之前的状态
左侧的柱状图表示当前声音的音量

录制时的状态
中部区域为声音的波形图

图2.8　录制声音

停止录制后，可以单击"播放"按钮，试听自己录制的声音。如果不满意的话，可以重新录制；也可以通过拖曳左右的两个游标，选择其中的一部分声音。在确定之后，就可以单击"保存"按钮，将录制的内容存储下来。详见图2.9和图2.10。

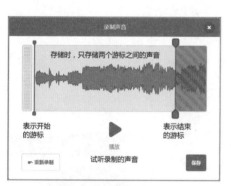

图2.9　编辑录制的声音

图2.10　录制好的声音

◉ 编辑声音

除了选择与播放声音之外，还可以对声音进行编辑。

声音的编辑可以通过两种方式进行，一种是在声音选项卡中操作，另一种是通过相关积木进行操作。

在声音选项卡中操作时，可以针对声音进行修剪，也可以调整声音的大小与快慢（见图2.11），如果操作失误，还可以单击顶部的左箭头回到编辑的"上一步"（撤销功能）。

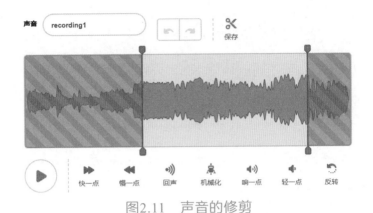

图2.11　声音的修剪

通过积木针对声音进行编辑时，可以调整音调、左右平衡以及音量（见图2.12）。

需要注意的是，在声音选项卡中进行声音的修剪与处理，会直接影响原始声音文件。使用积木进行声音的处理时，并不会影响原始声音文件。

音调：音调指的是声音频率的高低，0为正常状态。物体振动的速度越快，发出的声音音调就越高；振动的速度越慢，发出的声音音调就越低。音调越高，声音越轻、短、细；音调越低，声音越重、长、粗。

图2.12　与编辑声音相关的积木

左右平衡：左右平衡指的是左边与右边耳朵听到的声音大小的平衡度。当左右平衡的值为0时，左右声音大小相同；当数值大于0时，右边声音大小大于左边；当数值小于0时，左边声音大小大于右边。如果数值大于或等于100，则只有右边有声音；如果数值小于或等于-100，则只有左边有声音。

清除音效：用于清除"音调"和"左右平衡"两种特殊音效。

几种不同的声效设置，如图2.13所示。

图2.13　几种不同的声效设置

编程提示

❶ "播放声音XXX"与"播放声音XXX等待播完"的区别

播放声音XXX：执行到这个积木时，声音开始播放，之后，程序将继续读取该积木后面的积木。简言之，声音的播放与后续积木的执行是同时进行的。

播放声音XXX等待播完：执行到这个积木时，声音开始播放，与此同时，程序将停止执行该积木后面的积木，当声音播放完毕之后，再继续执行后续的积木块功能。简言之，声音在播放完成之前，当前积木组中，后续的积木都不会被执行。

❷ 编辑声音的方式

如果只是针对声音的音色、左右平衡进行处理时，更推荐使用积木进行声音的编辑，而不是直接在"声音选项卡"当中进行编辑。

动动手——认识草原动物

❶ 作品效果图

作品效果如图2.14所示。

图2.14　作品效果图——认识草原动物

❷ 作品功能

跟着硕硕，认识一下草原的动物吧！

● 舞台背景为大草原。

● 在舞台上有四个角色，分别是硕硕、黑豹、熊和狮子。

- 点击绿旗后，硕硕会对草原进行介绍。
- 在硕硕完成草原的介绍之后，草原上的各个动物一边发出叫声，一边介绍自己。

❸ 作品步骤提示

- 为作品添加合适的背景。
- 为作品添加角色（硕硕、众多草原动物）。
- 使用相关积木，完成所有角色的初始化。
- 根据自己的喜好，使用说、等待1秒、声音等积木编写对话内容。
- 将动物的声音添加进对应的角色中。
- 进行声音录制，并使用与声音相关的积木，为作品中的角色配音。

2-3　背景与造型的变化

◼ 为背景添加积木

在一个作品中，选中角色之后，能够为角色添加积木，实现一些功能。对于作品中的"背景"，也可以通过添加积木的方式实现一些功能（见图2.15）。

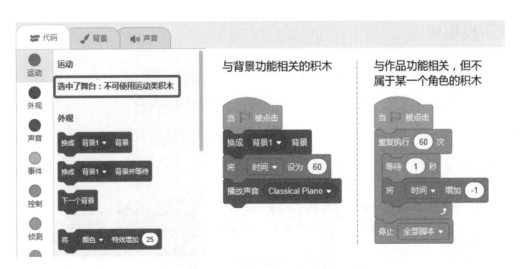

图2.15　为背景添加积木

与"角色"相比，"背景"的功能稍少一些，不能添加"运动"类型的积木，在其他类型的积木方面会有细微的差别。

在Scratch编程中，背景的"角色脚本区"通常会放置以下两种类型的积木。

- 与背景功能相关的积木，如切换背景、重复执行等。
- 与作品功能相关，但与具体角色功能无关的积木，如游戏倒计时、得分的初始化等。

◉ 背景的切换

在一个Scratch作品中，可以添加一个或多个背景。如果为作品添加了多个背景，可以使用积木，实现"作品初始状态时显示某个背景""在符合相应条件时切换为某个背景"等功能（见图2.16）。

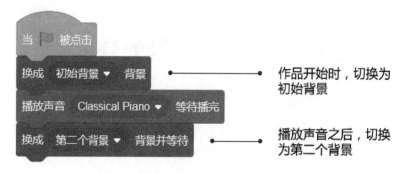

图2.16　实现背景切换

◉ 背景切换事件

在Scratch中，有一个与背景相关的事件——"当背景换成XX"。当背景发生变化时，这个事件就会被触发，该事件积木下的积木组就会被执行。

背景切换事件，能够帮我们实现多场景的动画或游戏，让一个角色在不同背景下，拥有不同的积木功能（见图2.17）。

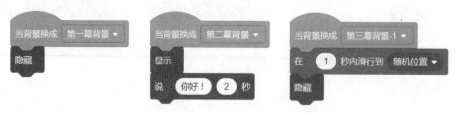

图2.17　背景切换事件积木，让角色在不同背景下拥有不同的功能

◉ 造型的变化

一个角色可以拥有一个造型，也可以拥有多个造型。在选中相应角色之后，单击"造型"选项卡，进入造型面板，就可以查看这个角色当前的造型。

在造型面板中，展示着当前角色所拥有的所有造型，每个造型我们都可以通过造型面板中的工具进行操作，也可以自行绘制（见图2.18）。

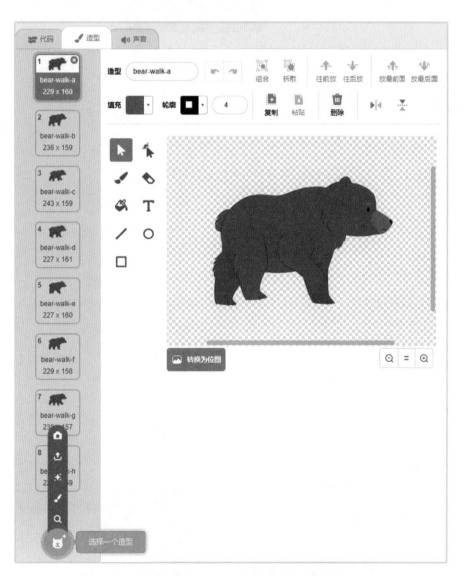

图2.18　选择角色之后，切换至该角色的造型面板

对于拥有多个造型的角色，可以通过"外观类模块"中与造型相关的积木，实现角色造型的切换（见图2.19）。

图2.19　对于多个造型的角色，可使用这两种积木实现造型的切换

编程提示

❶ 换成某背景与换成某背景并等待的区别

换成某背景：在执行"背景切换"事件控制的积木组时，会同时执行该积木组之后的内容。

换成某背景并等待：在执行完"背景切换"事件控制的积木组后，才继续执行该积木组之后的内容。

动动手——非洲大草原

❶ 作品效果图

作品效果如图2.20所示。

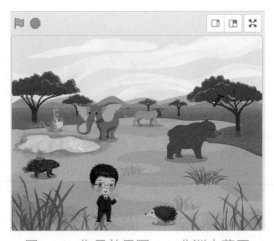

图2.20　作品效果图——非洲大草原

❷ 作品功能

硕硕站在大草原上，为你介绍大草原的风光。

● 舞台背景是多张草原的景色，由远到近。

● 硕硕站在草原上，为我们介绍大草原的风光。

● 随着硕硕的介绍，背景不断进行切换。

● 当背景切换为近景时，有三种动物角色出现在舞台上，并在合适的时间之后切换造型。

❸ 作品步骤提示

● 本作品中的所有素材，请到我们的公众号中下载。

● 为作品添加多个背景，并合理设置背景的顺序（从远到近）。

● 远景—中景—近景的切换。

  ◉ 为作品添加角色（硕硕），合理设置角色的位置以及要介绍的信息内容。

  ◉ 为作品中的角色（硕硕）配音。

  ◉ 实现背景切换功能，注意控制背景切换的时间，切换的时间与角色介绍时花费的时间相关。

● 添加新角色，并为新角色设置功能。

  ◉ 添加三个角色（袋鼠、啄木鸟、豪猪）。

  ◉ 当背景切换至近景时，三个角色显示出来。

  ◉ 根据自己的喜好，为角色设置合适的位置、大小、方向，并让角色进行造型的切换。

● 测试自己的作品，查看案例效果是否完整。

注意：在这个案例当中，时间的计算至关重要。在前两张背景中，动物们不是角色，而是背景中的一部分。

2-4　作品实战——奇妙的草原旅行

◉ **作品效果图**（见图2.21）

图2.21　作品效果图——奇妙的草原旅行

◉ **作品功能**

来听利利讲故事吧！

■ 利利会在舞台上为你讲述一个有趣的故事——《奇妙的草原旅行》。

■ 外出到草原游玩的小男孩，不小心弄丢了他的书包，天气阴沉沉的，不一会儿就下起了大雨，没有伞的他要怎么办？他的书包还能够找到吗？

◉ **作品步骤提示**

■ 本作品中的所有素材，请到我们的公众号中下载。

■ 建议先查看案例的最终效果，再进行作品的制作，该作品更推荐进行自由创作。

■ 为作品添加多个背景，并合理设置顺序，为每个背景设置合理的等待时间，实现背景的自动切换。

■ 添加角色，根据剧情需要，设置角色的位置及出现、隐藏的时间。

■ 根据自己的喜好，编写对话内容。

■ 确定角色位置和等待时间时，一定要细心。

第**3**课 草原生机

学习目标

* 认识运动模块的各类积木；

* 能够使用不同方法，实现角色从一个位置移动到另一个位置的功能；

* 掌握重复执行积木，并能区分重复执行相关的积木（重复执行、重复执行10次）；

* 对事件有进一步的认识，能够为同一个角色添加多个同类型事件；

* 能够实现造型的切换动画；

* 能够根据需求，独立完成"蚂蚁的秘密"作品的制作。

3-1 定点运动

◉ 运动模块

我们已经掌握了角色以及背景的添加方法，完成了角色的初始化，能够让角色说、思考或者发出声音，还能切换角色的造型、切换背景。如果角色能够动起来，那作品一定会更棒！

实现角色运动，需要掌握运动模块中的相关积木。

运动模块位于积木区顶端，可以通过单击积木区的"运动"，切换到相应模块。运动模块控制角色的移动、方向、位置，它是角色行走、位置发生变化的关键。

◉ A→B 定点移动

如果希望角色从位置A运动到位置B，可以使用运动类模块中的各种积木来实现。

根据角色当前位置与目标位置的不同，能够使用的积木也有所不同，实现运动的方法有多种，请仔细观察两个位置之间的关系。

- 如果是水平方向发生变化，可以使用"将x坐标增加10""将x坐标设置为0"等积木。

- 如果是垂直方向发生变化，可以使用"将y坐标增加10""将y坐标设置为0"等积木。

- 对于"移到x:0，y:0"以及"在1秒内滑行到x:0，y:0"积木，可以应用于任意方向的移动。

- 除了上述方法之外，还可以合理地使用"移动10步"和"面向90度"等积木，实现移动功能。

场景1：A点和B点在水平方向上的数值不同，垂直方向上数值相同，A点坐标为（-100，0），B点坐标为（100，0），见图3.1。

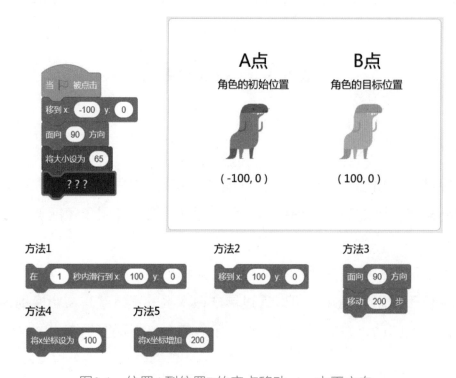

图3.1　位置A到位置B的定点移动——水平方向

场景2：A点和B点在垂直方向上的数值不同，水平方向上数值相同，A点坐标为（0，-80），B点坐标为（0，120），见图3.2。

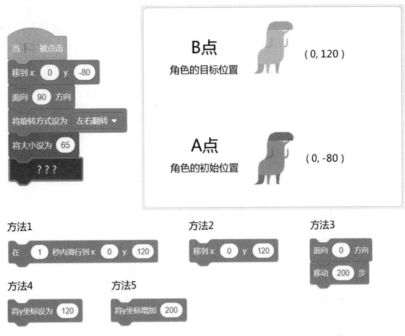

图3.2　位置A到位置B的定点移动——垂直方向

场景3：A点和B点在水平、垂直方向上的数值均不同，A点坐标为（150，-80），B点坐标为（-120，120），见图3.3。

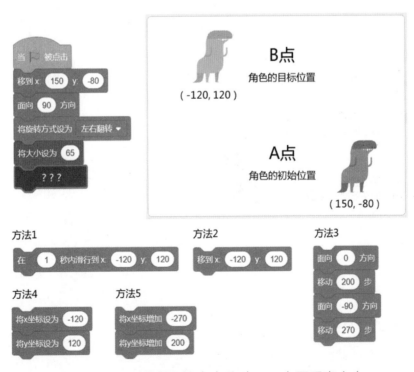

图3.3　位置A到位置B的定点移动——水平垂直方向

35

说明：功能实现的方法并不仅仅包含以上几种方法，不同的积木、积木不同的顺序和组合都有可能实现最终效果。

⊙ 运动方向与面向方向

角色方向存在三种不同的旋转模式，分别是"任意旋转""左右翻转"和"不旋转"。

在不旋转和左右翻转两种模式中，方向数值不同，但是角色的样子看上去完全相同，那么这些方向数值还有什么意义呢？

- 当角色方向设置为"不旋转"或"左右翻转"模式时，方向数值仅表示角色运动的方向，角色图形方向不会和数值保持完全一致。
- 当角色方向设置为"任意旋转"模式时，角色图形方向和运动方向会同时发生旋转和改变。

图3.4中，图形的旋转模式被设置为了左右翻转，在方向为0时，运动方向向上，而角色图形（小恐龙的面部）朝向右侧。此时，使用"移动10步"积木，让角色朝着面向的方向运动100步（从运动类模块当中拖曳出"移动10步"，修改移动步数的数值），会发现该角色向上运动了一段距离，而不是向着角色头部面向的方向运动。

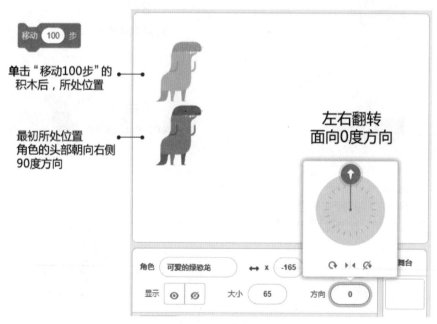

图3.4 角色运动方向与面向方向

● A→B→A 定点移动

如果希望实现角色"从位置A移动到位置B，再移动到位置A"（见图3.5），且这个运动过程是可以用肉眼分辨出来的。那么，这个功能可以使用哪些积木实现呢？

最为简便的方法，是借助两个"在1秒内滑行到x:0 y:0"的积木来实现（具体秒数和x、y的坐标可修改），见图3.6。

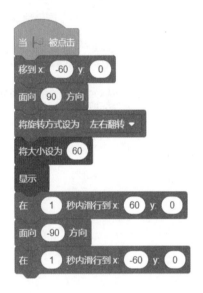

从x为-60的位置移动到60的位置
移动距离为120步

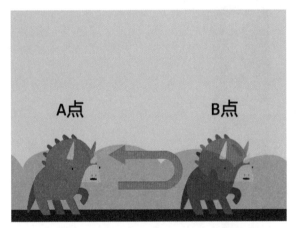

图3.5　位置A到位置B，再回到位置A
　　　　的移动

图3.6　位置A到位置B，再回到位置A
　　　　的移动——在1秒内滑行到积木

除此之外，也可以使用多个"移动10步""将x坐标增加10""将y坐标增加10"等积木来实现这个功能。

尝试图3.7中的方法之后，你会发现，将多个"移动10步"的积木块直接连接到一起，会让角色快速地直接运动到最终位置，并没有办法用肉眼查看到运动过程，如何解决这个问题呢？请继续往后学习。

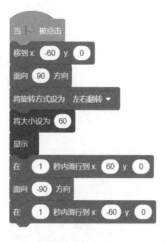

从x为-60的位置移动到60的位置
移动距离为120步

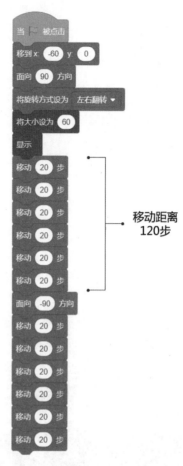

移动距离
120步

图3.7　位置A到位置B，再回到位置A的移动——移动10步积木

编程提示

❶ 角色的初始面向方向

通常情况下，如果一个角色拥有方向的特点，在原始素材中会让角色的面部朝向右侧（见图3.8）。

有明显面向　　　水平与垂直方向　　　无面向方向的角色
方向的角色　　　明显不同的角色　　　四个方向几乎无区别

图3.8　初始面向方向——三种不同特点的角色

　　如果最初角色面向的方向不是右侧，而是左侧，会导致视觉效果出现很大的问题（见图3.9）。

三角龙头部朝向与"面向90方向"
积木的效果不一致性，导致很容易
对最终显示效果造成误解

图3.9　角色初始面向方向不是90度时的问题

　　对于自己上传的一些角色素材，如果角色素材"朝向方向"有误，可以在造型面板中调整角色面向的方向（见图3.10）。

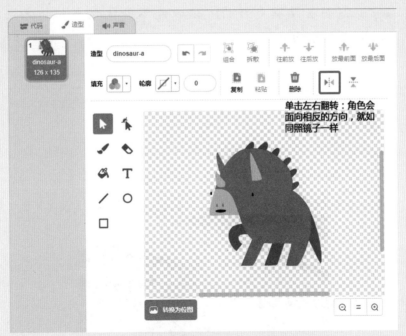

图3.10　在造型面板翻转造型方向

　　❷ 多个"移动10步"的积木块叠加，执行时无法看到移动过程

　　积木的执行速度非常快，在1秒当中能够执行非常多数量的积木块，快到我们的肉眼没有办法分辨出来。所以，如果希望能够看到移动的过程，就需要借助"等待1

秒"积木来实现。

需要注意的是，并非只有"移动10步"的积木块执行速度快，所有Scratch的积木块执行速度都非常快。

❸ 制作作品要考虑更多的实现方法

在程序的世界里，每一种功能都可以通过多种方法实现，每一种实现方法都拥有其优劣势。在解决一个问题（功能）时，会存在"较佳"或"最佳"的解决方案，但是任何一个方案都不是完美的。

思考一个功能的多种实现方法，不但能够开阔思维，还能够让解决方案变得更好，何乐不为呢？

在我们的生活中，也是如此，想要解决某个问题并不是只有一种方法，如果发现当前使用的方法暂时无法解决问题，可以尝试寻找另一种方法。

如果你已经拥有了一种能够解决问题的方法（如复习知识的方法），也请基于当前的方法多思考，想想有没有更好的方法，能不能优化当前的方法。这样的思考过程和行为，会让你越来越聪明，也能够更接近这个问题的"最佳解决方案"。

动动手——生机勃勃

❶ 作品效果图

作品效果如图3.11所示。

图3.11　作品效果图——生机勃勃

❷ 作品功能

动物们悠闲地在生机勃勃的大草原上散步。

- 舞台背景为草原背景。
- 舞台上有各种各样的动物。
- 点击绿旗后，各个动物进行移动。
  - 狮子从舞台左侧，移动到舞台右侧。
  - 棕熊从舞台左下方，移动到舞台的左侧中部。
  - 长颈鹿从舞台右侧中部，移动到舞台左下方。
  - 狐狸在舞台右下方来回移动两次。

❸ 作品步骤提示

- 本作品中的所有素材，均为Scratch软件的默认素材。
- 为作品添加合适的背景。
- 为作品添加多个角色，使用相关积木完成角色的初始化。
- 使用移动相关积木，配合"等待1秒"积木完成每个角色的移动功能。

3-2　无休止运动

运动类模块中的积木能够让角色动起来，这种运动功能相对较为简单，如果希望实现角色的复杂运动，就需要借助控制类模块中的积木来实现。

◨ 有停顿移动

在第2课中，讲解了"控制类模块"中的"等待1秒"积木。这个积木能够让积木的运行先暂停，在"休息"相应秒数之后，再继续执行后面的积木。

对于角色的运动，也可以借助"等待1秒"这个积木，实现有停顿的运动。

对于前面A→B的定点移动，单纯使用多个"移动10步"积木，角色的运动是在瞬间完成的。如果在每两个"移动10步"的积木块之间加入"等待1秒"的积木块，合理修改等待的具体秒数，运动过程就可以用肉眼来分辨了（见图3.12）。

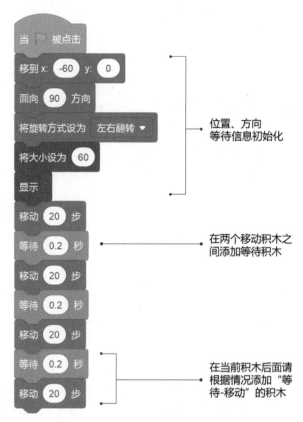

图3.12　有停顿的移动——每移动一段距离停顿一次

◉ 无休止运动

如果希望从A运动到B，再运动到A，再运动到B，来回无休止地运动，则需要借助"重复执行"这个积木。

重复执行的积木，会重复不停地、持续性地执行这个积木中的内容，在这个积木之后不能够连接任何其他积木。

1. 嵌套

仔细观察图3.13中各个积木的关系，会发现"重复执行"的积木包含了其他两种积木。这些被包含的积木就是被重复执行的积木。

这种"在某个积木中加入其他积木"的操作，被称为嵌套。积木嵌套的层数是没有限制的，也就是说，在积木中可以嵌入积木，而被嵌入的积木中还可以继续嵌入新的积木。

将希望多次重复执行的积木
放置于该积木当中

图3.13　在重复执行积木中
嵌套要多次执行的积木组

2. 使用重复执行积木，实现 A → B → A → B 的无休止运动

将"从A运动到B"与"从B运动到A"两个积木，放置在"重复执行"的积木中。点击绿旗，查看动画效果（见图3.14）。

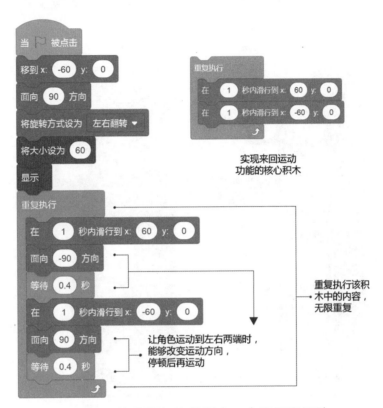

图3.14　使用重复执行积木，实现无限运动

需要注意的是，积木组中"面向90方向"和"等待0.4秒"两种积木，是为了让运动看上去更舒服，在角色抵达A点或B点时稍做停顿，让角色面向新的运动方向，再开始下一次的运动。

◉ 碰到边缘就反弹

在运动类模块中，有一个特殊的积木 ——"碰到边缘就反弹"。这个积木的作用是，当角色碰到舞台边缘的时候，将离开边缘，并面向相反的方向。尝试为角色添加以下积木，查看角色的运动效果（见图3.15）。

图3.15　碰到边缘就反弹

有次数的重复执行

如果当前的功能，需要让某些积木重复执行有限的次数，可以使用控制类模块当中提供的另一种积木——"重复执行10次"。积木具体的重复次数可以根据情况自行修改（见图3.16）。

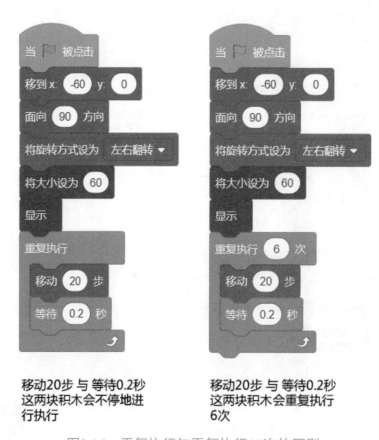

移动20步 与 等待0.2秒这两块积木会不停地进行执行

移动20步 与 等待0.2秒这两块积木会重复执行6次

图3.16　重复执行与重复执行10次的区别

使用"重复执行"和"重复执行10次"两种积木，相互配合，也能够实现A→B→A→B的无休止运动（见图3.17）。

重复执行这类积木，除了能够应用于角色的"运动"方面，还能够应用于各种地方，例如，发出多次有规律的声音、多次切换角色外观形象等。

只要是需要多次执行的"相同"或"有规律"的功能，都可以使用"重复执行"积木块来实现。

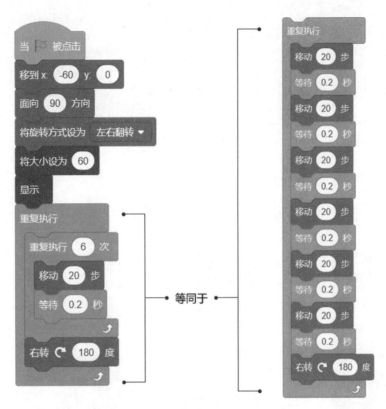

图3.17　重复执行的多种实现方法

编程提示

❶ 没有一种运动积木是万能的、最好的

　　每种积木块都有其各自的功能，任何一个积木块能解决的问题都是有限的，不能通用于所有情况。所以，没有一种积木是最好的，也没有一种积木是通用于所有情况的，要根据具体的情况、具体的场景，选择最合适的积木来实现作品的功能。

　　以"希望从位置A运动到位置B，再移动到位置A"这个需求为例，较好的一种实现方法是，直接使用"在1秒内滑行到x:0，y:0"这种积木。

　　但是，如果希望在"从位置A到位置B再到位置A"的运动过程当中，每隔10步就停顿0.5秒，"移动10步""等待1秒"这两种积木的合理组合反而成了更好的解决方案。

❷ 无休止 ≠ 不能停顿

　　无休止并不是不停顿，而是无限重复（又称为无限循环），没有最终终点。

在图3.18中，"重复执行10次"的积木块，是一个有终点的运动，并不是一个无休止运动。"重复执行"的积木块，虽然其中包含了"等待1秒"的积木，但是它在不停地执行内部的积木块，没有终点，是一个无休止运动。

有终点的运动　　无休止运动

图3.18　重复执行与重复执行n次

❸ 重复执行积木的应用场景

当遇到多次相同或相似（有规律）的操作时，可以使用重复执行积木（见图3.19）。

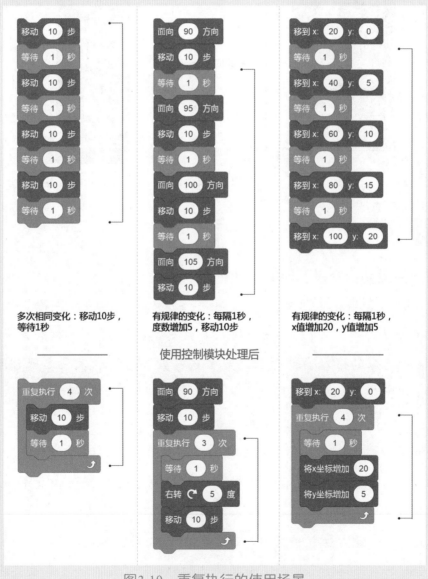

图3.19　重复执行的使用场景

❹ 在重复执行的积木中，没有添加等待1秒的积木，两次运动之间依旧存在间隔

如果希望角色向前运动100步，可以使用10个"移动10步"的积木来实现，也可以使用控制类模块的"重复执行10次"配合"移动10步"的积木来实现。

原本这两种积木组最终的运动效果应该是一样的，但是，在实际操作之后，两种运动效果却有所不同。

这是因为，Scratch软件为了防止重复执行时，积木执行速度过快，会引发一些问题。所以，为每一次重复执行添加了时间间隔，约为0.02秒（见图3.20）。

每两次移动之间有非常短暂的停顿，可以看到移动的过程

10次移动之间没有任何停顿，瞬间移动

图3.20 重复执行的间隔时间

动动手——漫步的棕熊（上）

❶ 作品效果图

作品效果如图3.21所示。

图3.21　作品效果图——漫步的棕熊（上）

❷ 作品功能

一只在草原上来回游荡的棕熊。

● 舞台背景为草原背景，舞台上有一只棕熊（角色）。

● 点击绿旗后，棕熊在舞台上的两个位置之间无休止运动。

❸ 作品步骤提示

● 本作品中的所有素材，均为Scratch软件的默认素材。

● 为作品添加合适的背景，为作品添加棕熊角色，使用相关积木完成角色的初始化。

● 使用运动模块积木，实现棕熊从A位置移动至B位置，再从B位置移动至A位置的功能。

● 使用控制模块积木，实现棕熊从A位置移动到B位置，再返回至A位置，来回无休止移动的功能。

3-3　角色造型动画

● 造型动画

对于具有多个造型的角色，可以通过"下一个造型"积木实现角色造型的切换（见图3.22）。对于只拥有一个造型的角色，该积木无效。

"下一个造型"积木的作用，是将造型切换为下一个造型，如果当前是最后一个造型，则切换至第一个造型。

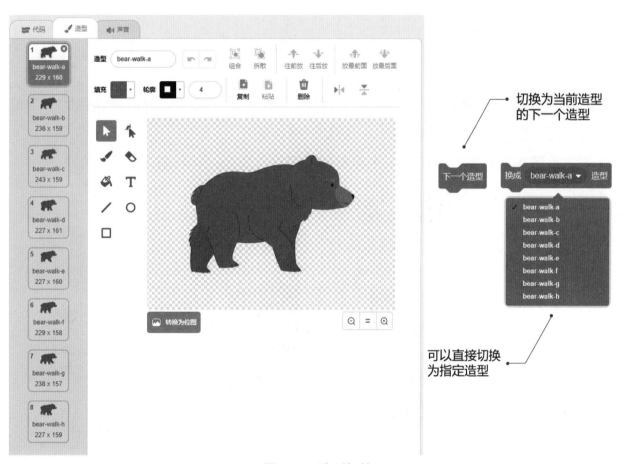

图3.22　造型切换

在"下一个造型"积木基础之上，增加"重复执行"以及"等待1秒"两种积木，可以实现角色造型的自动、无休止变化。合理调整造型切换的时间，能够让角色的运动看上去更流畅（见图3.23）。

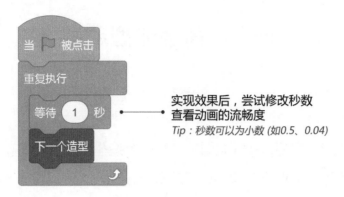

实现效果后，尝试修改秒数
查看动画的流畅度
Tip：秒数可以为小数 (如0.5、0.04)

图3.23　实现造型动画

◉ 同角色同类型事件

通过"重复执行"能够实现"从一个位置运动到另一个位置"运动的功能，也实现了"角色造型切换"的功能。

如果希望在一个项目中，针对同一个角色，既实现"从一个位置运动到另一个位置"，又同时实现"角色造型切换"，要如何操作呢？

尝试以下功能积木，将两组积木组添加给同一个角色，运行查看效果。

希望为同一个角色添加两种功能
移动与切换造型

可以为一个角色，添加多个同种类型的事件

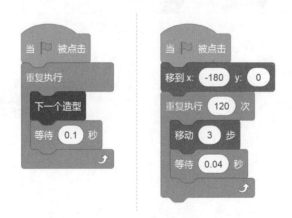

图3.24　同角色的多个同种事件

可以为同一个角色添加多个事件，同种事件可以添加多个，当某事件发生时，符合该条件的所有积木都会同时被执行。

◉ 造型动画的视觉效果优化

如果在实现造型动画时，只使用"重复执行"（控制模块）、"下一个造型"（外观模块）、"移动10步"的积木，可能会感觉角色移动速度过快。此时，可以借助"等待1秒"积木，进一步控制造型切换以及移动的速度，达到更好的视觉效果。

不同的等待时间以及不同的步长，都会影响最终角色运动的视觉效果。

移动的步长和两次移动的间隔时间，影响着动画的流畅程度，移动的步长越短（两次移动之间的距离越长）视觉的跳跃感也就越弱，两次移动的间隔时间越短，动画也就越流畅。

合理控制步长值和时间间隔：如果并不确定数值应当设置多少，可以多尝试一些数字组合，根据具体的测试情况进行数值的调整，直到找到自己满意的数值为止。

其他动画（如切换造型、颜色样式变化等）与运动动画的流畅度控制方法类似。

可以修改图3.25中的秒数和步长的值，多尝试几种数字的组合（不局限于这几种数字组合），观察移动过程，看看有什么不同的视觉感受。

使用角色库中的棕熊角色

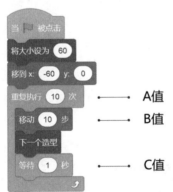

A值 * C值 ≈ 完成运动所需要的总时间
A值 * B值 = 运动的总距离

需要根据具体情况，改变ABC的值，当其中一个值发生变化时，其他的值可能也需要随之进行修改

A值	10	10	25	50
B值	10	10	4	2
C值	1	0.2	0.14	0.02

Tip：每一列（纵向）是一组，请尝试这四组数据

图3.25　动画的流畅度——四组测试数据

编程提示

❶ 动画的形成

动画是采用逐帧（每一个画面都被称为一个帧）的方式拍摄物体或人物，并连续播放而形成运动的影像。

走马灯以及中国经典的《大闹天宫》《葫芦娃》等动画片，都是通过这种逐帧拍摄的技术制作完成的。

逐帧拍摄的画面，在我们人类眼睛当中为何就形成了动画，而不是一个一个单独的画面呢？

这是我们眼睛的"视觉暂留"引起的，视觉暂留指的是看到一个物体之后，物体快速消失时，这个物体还会在我们的眼睛当中留下一定时间的持续影像。

对于人类来说，眼睛的反应速度在1/24秒左右（视觉暂留的时长在42毫秒左右），这也就意味着我们每秒钟能够分辨的画面数量为24帧，对于每秒24帧以下的画面会感到有"跳跃感"。

❷ 请在设置"等待时长"时填写合理的秒数

毫秒是一个时间单位，1秒钟等于1000毫秒，0.1秒表示的是100毫秒。

由于我们人类的视觉暂留时长为42毫秒左右，因此，在设置"等待时长"时，0.04秒（40毫秒）是比较合理的数值。当然，设置的数字也可以小于0.04秒，如0.02秒等。

动动手——漫步的棕熊（下）

❶ 作品效果图

作品效果如图3.26所示。

图3.26 作品效果图——漫步的棕熊（下）

② 作品功能

一只在草原上来回游荡的棕熊。

● 舞台背景为草原背景，舞台上有一只棕熊（角色）。

● 点击绿旗后，棕熊在舞台上的两个位置之间无休止运动。

● 在运动的同时，棕熊会"动起来"（造型不断变化）。

③ 作品步骤提示

● 本作品中的所有素材，均为Scratch软件的默认素材。

● 为作品添加合适的背景，为作品添加棕熊角色，使用相关积木完成角色的初始化。

● 使用运动模块、控制模块相关积木，实现棕熊从A位置至B位置，来回无休止地移动。

● 使用外观模块、控制模块相关积木，实现造型的切换，每隔一定时间就切换一个造型。

3-4　作品实战——蚂蚁的秘密

■ 作品效果图（见图3.27）

图3.27　作品效果图——蚂蚁的秘密

◉ 作品功能

一起看看勤劳的小蚂蚁是怎么工作的吧！

- ■ 舞台背景为蚂蚁的窝。
- ■ 舞台上有蚂蚁、奶酪和小花等角色。
- ■ 洞口的小花不停地摇摆。
- ■ 最初，蚂蚁位于垫子的位置，在点击绿旗后，蚂蚁会出窝寻找食物 —— 沿着蚁窝内的道路，爬出蚁窝，运动到窝外奶酪的位置。
- ■ 当蚂蚁移到奶酪位置之后，会切换为搬着奶酪块的造型。
- ■ 当蚂蚁搬起奶酪之后，沿着蚁窝内的道路，向仓库移动，在移动至仓库后，蚂蚁会放下奶酪（将造型切换为初始造型），之后沿道路回到垫子的位置。
- ■ 蚂蚁在运动的过程当中，造型会不断地进行切换。
- ■ 不断重复蚂蚁从垫子—窝外的奶酪—仓库—垫子的运动过程。

◉ 作品步骤提示

- ■ 本作品中的所有素材，请到我们的公众号中下载。
- ■ 为作品添加合适的背景，添加蚂蚁、花朵、奶酪三个角色，并完成角色的初始化。
- ■ 为角色小花设置造型切换功能。
- ■ 搭建积木，使蚂蚁从垫子开始，沿着道路移动至奶酪、仓库，最后回到垫子的位置。
- ■ 在奶酪位置，将蚂蚁切换为抱着奶酪块的造型，在仓库位置，将蚂蚁切换为初始造型。
- ■ 重复执行蚂蚁的移动路线。
- ■ 实现蚂蚁运动造型的不断切换，需要计算好时间，先进行前两种造型的切换（蚂蚁从垫子移动至奶酪），之后再进行后两种造型的切换（蚂蚁从奶酪移动至仓库），最后再进行前两种造型的切换（蚂蚁从仓库移动至垫子）。

注意：蚂蚁的运动是沿着道路进行的，要注意时刻调整蚂蚁的运动方向。

或许你会觉得，时间的计算有些复杂，没关系，请继续往后学习，当你掌握更多的Scratch知识之后，就可以使用其他的方法来实现这个作品的功能了！

第2单元
Scratch基础

* * * * * *

　　复杂的动画效果，来源于对角色的精准控制，控制方法多种多样，不同作品的不同功能对控制方法也有着不同的要求。

　　本单元共三课，详细讲解了Scratch中的控制、事件、侦测模块积木，介绍了变量、随机数相关的积木以及使用方法。

　　本单元中涉及的各类积木，具有一定的逻辑难度，在使用时需要先拆解作品的功能，明确制作流程与逻辑，再逐步进行实现。这些积木主要用于控制在第1单元中讲解的"运动""外观"等积木，从而让角色实现较为复杂的动画效果。

　　通过本单元的学习，能够使用重复执行类积木让积木组多次执行，也能够使用条件控制类积木让积木组在符合某种条件时执行，还可以让游戏者通过键盘、鼠标或者回答角色提出的问题，实现游戏者与作品的互动。

* * * * * *

第 **4** 课　进击的坦克

学习目标

* 能够实现某一条件的判断；
* 能够分清不同种类的积木，对积木进行合理归类；
* 能够掌握"如果……那么……"积木的使用方法；
* 熟练掌握嵌套使用控制类积木的方法；
* 能够使用侦测类积木判断角色是否被单击；
* 能够灵活运用停止脚本的相关积木，进行作品执行的控制；
* 能够根据需求，独立完成"突破火线"作品的制作。

4-1　条件控制类积木

◉ 如果……那么……

在前面的课程中已经学习了控制模块的"重复执行"积木，它帮我们实现了"多次执行某些积木"的功能。在控制模块中，除了有"重复执行"此类循环控制积木之外，还有"如果……那么……"等条件控制类积木（见图4.1）。

条件控制类积木，可以单独用于操作角色的行为，也可以配合"重复执行"类型的积木对作品进行更为复杂的控制。

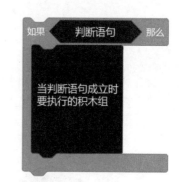

图4.1　条件控制类积木——
　　　如果……那么……

在条件控制类积木中，"条件"为侦测模块或运算模块中的"判断语句"，如果判断语句成立（判断语句的结果为true），则执行条件语句当中的内容；如果判断语句不成立（判断语句的结果为false），则条件语句中的内容不会被执行。

侦测模块

侦测模块中的一些积木，可以用作"如果……那么……"等条件控制类积木的判断条件。

侦测模块中的积木可以分为三大类（见图4.2）：普通类型积木、条件类型积木、值类型积木（分类方法在序中讲解过）。侦测模块中的这三种积木，分别有以下作用。

- 普通类型积木：和运动模块当中的大部分积木类似，可以直接放置于角色的众多积木中。
- 条件类型积木：这类积木可以直接用作控制模块的判断表达式。
- 值类型积木：通常需要和运算模块中的积木相结合，才能用作控制模块的判断表达式。

三种不同侦测类型积木的应用如图4.3所示。

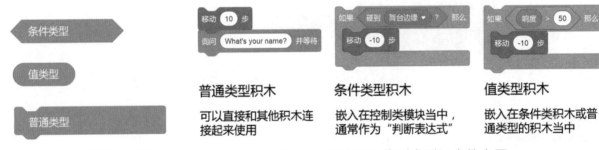

图4.2　三种不同的侦测类型积木　　　　图4.3　三种不同侦测类型积木的应用

备注：在本书后续内容中会依次讲解侦测模块中的各种积木。

侦测是否碰到舞台边缘

在第1单元当中，我们使用"碰到边缘就反弹""重复执行"的积木，实现了"角色碰到舞台边缘时反弹（反向运动）"的功能。

如果角色碰到舞台边缘时，并非反弹回去，而是执行其他的功能，要如何实现呢？

此时，"如果……那么……"以及侦测模块的积木就可以派上用场了。众多侦测积木当中，有一个"碰到鼠标指针"的积木，选择下拉菜单，可以切换为"碰到舞台边缘"（见图4.4）。

图4.4　侦测角色是否碰到舞台边缘

在图4.5当中，"重复执行"与"如果……那么……"积木的关系是包含与被包含关系（也称为嵌套关系），程序开始之后，角色不停地向前运动，每移动10步都需要检测一次，查看角色是否碰到舞台边缘。

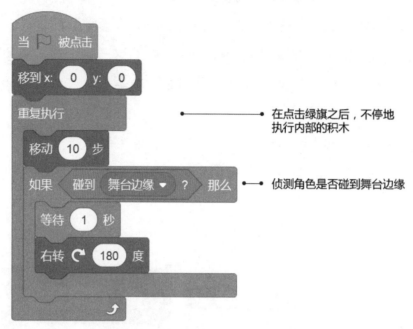

图4.5　角色移动，侦测是否碰到舞台边缘——积木组

编程提示

❶ 控制模块不仅仅能应用于控制角色的运动

控制模块能够应用于各类动画效果，控制角色运动只是它的一种应用场景。

❷ 下拉菜单的内容

在本课程中，"碰到……"积木的下拉菜单中，包含了"鼠标指针"及"舞台边缘"两种选项，如果此时舞台上有其他角色，这些角色的名称也会出现在下拉菜单中。例如，在作品中有一个名为"坦克"的角色，其下拉菜单中就会多出一个"坦克"的选项。

动动手——进击的坦克

❶ 作品效果图

作品效果如图4.6所示。

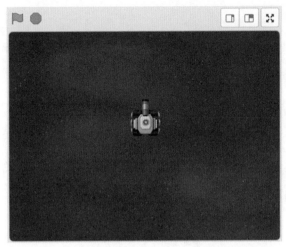

图4.6　作品效果图——进击的坦克

❷ 作品功能

坦克从战场上穿梭而过。

● 舞台背景为战场。

● 战场上有一辆坦克从舞台底部移动至顶端，移动到舞台顶端之后消失，重新出现在舞台底部，之后不断重复这个移动过程。

❸ 作品步骤提示

● 本作品中的所有素材，请到我们的公众号中下载。

● 为作品添加背景，并添加角色坦克，完成初始化，坦克的初始位置不能碰到舞台边缘。

● 为坦克添加运动相关积木，并借助控制类积木，实现坦克不断向上移动的功能。

● 使用控制类积木以及侦测类积木，实现坦克碰到边缘消失并重新出现在初始位置的功能。

4-2　多种多样的侦测

除了已经提到的"碰到舞台边缘"的侦测积木之外，Scratch还提供了各种各样的侦测积木。

◉ 碰到角色

在舞台中，会添加多个角色。当角色较多时，必然涉及角色与角色的接触与碰撞，此时可以使用"碰到角色"的侦测积木来实现（见图4.7）。

碰到角色有何用途呢？例如，在飞机大战游戏当中，当子弹碰到敌机时，子弹和敌机都会消失，这就需要侦测"子弹"是否碰到了"敌机"这个角色。

在Scratch中，可以侦测当前角色是否碰到其他某个具体角色，单击积木右侧的下拉三角，之后选择相应的角色名称即可。

该积木为角色"球"的积木
在下拉选项当中，除了包含
鼠标指针、舞台边缘 之外
还包含其他所有角色名称

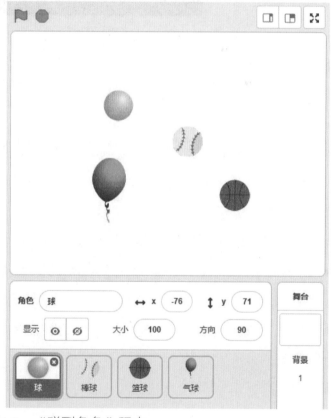

图4.7 "碰到角色"积木

◉ 碰到颜色

除了"碰到角色"积木之外，Scratch还提供了"碰到颜色"这种侦测积木。
碰到颜色的积木往往有两种用途。

- 针对背景当中的一些区域进行检测，这种方法在各类游戏中被广泛应用；

■　多个角色有相似的特点，且外部有同样的颜色（边框等），使用碰到颜色积木替换掉碰到角色积木，简化检测角色碰撞的相关操作。

1. 背景区域的检测

图4.8中，棕色、蓝色、绿色的部分分别表示土壤、海水和草地，小恐龙在碰到土壤、海水和草地时，执行的积木功能是不同的，由于土壤、海水、草地都是背景的一部分，这些功能就需要通过"检测颜色"来实现。

■　小恐龙能够在草地上行走。

■　小恐龙碰到土壤会往回反弹一定的距离（不会站在土壤中）。

■　小恐龙碰到海水会被水吞没，游戏结束。

可以通过拖曳三个滑块选择颜色，也可以直接单击底部按钮，直接吸色

图4.8　碰到颜色积木——检测背景区的颜色

2. 简化检测角色的操作

在图4.9中，积木功能是"当小恐龙碰到0、1、2、3几个数字时，游戏结束"。

我们可以针对每个角色分别进行检测，检测小恐龙是否碰到了数字0、数字1、数字2、数字3，当小恐龙碰到这几个角色中的任意一个角色时，游戏结束。

仔细观察数字0、1、2、3这几个角色，在角色外部均为一种水蓝色（角色具有相同特点），此时可以使用碰到颜色的积木来实现游戏的功能，让逻辑变得更简单。

有时，碰到颜色积木能够让积木逻辑变得更简单

图4.9　碰到颜色积木——检测角色中的颜色

◉ 碰到鼠标与按下鼠标

侦测模块当中，有两个与"鼠标"相关的积木，分别是"碰到鼠标"和"按下鼠标"。

碰到鼠标：指的是具体某个角色触碰到鼠标指针，对于背景并没有提供这个积木。

按下鼠标：指的是在舞台区域中按下鼠标（即单击鼠标，且当前鼠标指针在舞台区域中），而非在角色上按下鼠标。

编程提示

❶ 侦测两个角色是否碰撞

侦测两个角色是否碰撞，只需为其中一个角色设置碰撞侦测的积木，并不需要为两个角色同时设置碰撞侦测的积木。

❷ 碰到颜色积木中的吸取颜色功能

碰到颜色积木中使用吸管吸取颜色时，只能吸取舞台上的颜色，如果在吸取颜色过程中鼠标离开舞台区域，则无法吸取颜色。

动动手——沙场演习

❶ 作品效果图

作品效果如图4.10所示。

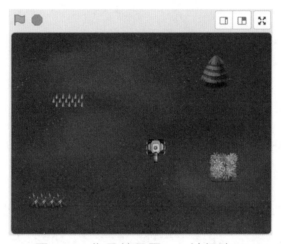

图4.10　作品效果图——沙场演习

❷ 作品功能

坦克在战场上驰骋，操作鼠标，让坦克改变方向，躲避障碍物。

● 舞台背景为战场。

● 战场上有一辆坦克不断向前移动。

● 单击鼠标，改变坦克的运动方向。

● 坦克在碰到防御工事、树、草垛时不会再往前移动。

● 坦克碰到地刺时会原地旋转几圈。

❸ 作品步骤提示

● 本作品中的所有素材，请到我们的公众号中下载。

● 为作品添加背景，并添加"坦克"角色，完成初始化至舞台中心位置。

● 使用运动、控制模块积木，实现坦克不停向前移动的功能。

- 使用控制、侦测模块积木，实现按下鼠标、坦克移动方向发生改变的功能。
- 为作品添加防御工事、树、草垛、地刺等角色，完成角色的初始化（将角色放置在合理位置）。
- 使用控制、侦测模块积木，实现坦克碰到防御工事、树和草垛时不能再前进的功能（碰到时向后运动一段距离）。
- 使用控制、侦测模块积木，实现坦克碰到地刺原地旋转的功能。

注意：需灵活使用碰到角色和碰到颜色进行碰撞检测。

4-3 被鼠标点击与停止脚本

◨ 碰到并按下鼠标

在众多的侦测类积木当中，包含"按下鼠标"和"碰到鼠标"两种，但是唯独没有"角色被鼠标点击"的积木。

如果希望能够侦测到"角色被鼠标点击"，希望实现角色被鼠标点击时，执行某些积木的功能，则可以借助两个"如果……那么……"积木来实现。

角色被点击的条件是"当前鼠标位于角色之上（角色碰到鼠标），且鼠标被按下"。因此，这两个"如果……那么……"积木的关系是嵌套关系，其中一个"如果……那么……"的积木，包含着另一个"如果……那么……"积木。

图4.11中，积木组的含义为：首先判断当前是否按下鼠标，如果按下鼠标则继续进行判断，判断角色是否碰到鼠标指针，如果角色碰到了鼠标指针，则这个角色向当前方向移动10步。

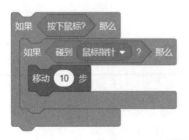

先判断是否按下鼠标

如果没有按下鼠标，则不执行任何积木
如果按下鼠标，则判断角色是否碰到鼠标指针

如果按下鼠标，并且角色碰到鼠标指针
角色移动10步

图4.11 侦测角色是否被点击

嵌套原理

在前面的案例中，我们对"嵌套"有了一个模糊的认识（见图4.12）。嵌套：可理解为镶嵌、套用，指的是将一个物体嵌入另一物体。

将"如果……那么……"积木　　　　将"重复执行"积木嵌入
嵌入"重复执行"积木中　　　　　"如果……那么……"积木中

图4.12　嵌套——在积木中嵌入积木

对于控制模块当中的条件类积木和重复类积木都可以相互嵌套。

- 条件类积木当中可以嵌套重复类、条件类积木。
- 重复类积木当中可以嵌套重复类、条件类积木。
- 嵌套的层数没有限制。
- 嵌套关系没有限制，可以混合嵌套（重复类当中嵌套条件类，条件类当中再嵌套重复类等）。
- 作品具体功能决定着是否需要进行积木的嵌套、嵌套多少层以及如何嵌套。

为了便于理解，可以查看图4.13中的几种经典嵌套的示例。

如果在运行时，按下鼠标且运动后触碰到了舞台边缘，则停止全部脚本
某积木需要满足多个条件时，可以在如果积木中嵌入如果积木，这种嵌入没有层数限制

将一部分功能多次执行，再将多次执行的积木重复多次执行，就需要在重复执行的积木中嵌入重复执行的积木，可以无数层嵌入

图4.13　不同嵌套方式的不同功能（一）

不断重复执行进行检测，在满足某种条件时，执行某些积木块
如果希望多次检测当前情况是否符合某条件，可以在重复积木中嵌入如果积木

在满足某个条件时，多次执行某些积木块，可以在如果积木当中嵌入重复执行的积木

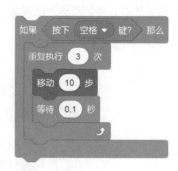

图4.13　不同嵌套方式的不同功能（二）

注意：积木的嵌套不仅仅包含以上四种，还可以根据具体功能需求进行更多层积木的嵌套。

◉ 停止脚本

一个作品有开始，也有结束，在一个功能相对复杂的作品中需要根据具体情况，让某些积木停止运行，或者让所有积木都停止运行（作品结束时）。如果希望控制积木停止运行，则需要使用"停止脚本"的积木。

停止脚本的积木有三种选项，这三种停止的对象不同，需要根据具体情况而使用（见图4.14）。

图4.14　三种不同的停止脚本积木

- 停止全部脚本：停止所有角色的所有脚本，整个作品结束。
- 停止这个脚本：停止这个积木所在积木组的脚本，该角色其他脚本以及其他角色脚本正常运行。
- 停止该角色的其他脚本：停止当前角色的其他脚本，这个积木所在积木组的脚本会正常运行，其他角色的脚本也会正常运行。

编程提示

❶ 侦测鼠标是否按下的其他方法

侦测鼠标是否按下，可以在一个条件积木中嵌套另一个条件积木，也可以借助运算模块中的逻辑操作积木来实现（见图4.15）。

如果积木组的执行需要满足更多条件（两个以上），可以使用与积木连接多个侦测积木，也可以进行多层"如果……那么……"的积木嵌套。

注意：第3单元中，我们会详细讲解"运算模块"。

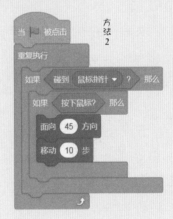

图4.15　满足多个条件时执行某积木——两种不同的实现方式

❷ 实现"停止当前角色所有脚本"功能

在有些作品中，有时会需要停止当前角色的所有脚本，但又不能够让其他角色的脚本受到影响。

在Scratch中，共包括三种与停止脚本相关的积木，并没有停止某个角色所有脚本的功能。此时，可以通过将"停止该角色的其他脚本"和"停止这个脚本"组合起来（顺序不能颠倒），来实现"停止当前角色的所有脚本"的功能。

动动手——保卫大本营

❶ 作品效果图

作品效果如图4.16所示。

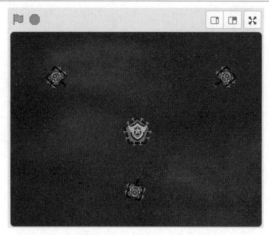

图4.16 作品效果图——保卫大本营

❷ 作品功能

敌军坦克不断向我方大本营进发，请阻止它们！

- 舞台背景为战场，战场中央是我方的大本营。

- 敌军坦克在舞台的四周出现，朝着我方大本营不断进发，如果敌军坦克碰到大本营，游戏失败。

- 使用鼠标单击敌军坦克，敌军坦克会消失，一段时间之后，重新出现在初始位置，继续朝着大本营进发。

❸ 作品步骤提示

- 本作品中的所有素材，请到我们的公众号中下载。

- 为作品添加背景和大本营角色，使用相关积木完成角色的初始化（位于舞台中心）。

- 为作品添加多个敌军坦克角色，使用相关积木完成角色的初始化（位于舞台边缘不同位置）。

- 使用运动、控制模块积木，实现敌军坦克不断朝向大本营移动的功能。

- 使用控制、侦测模块，实现敌军坦克触碰到大本营时游戏失败的功能。

- 使用控制、侦测模块，实现消灭敌军坦克的功能：使用鼠标单击敌军坦克，敌军坦克会隐藏，在一段时间之后，重新出现在初始位置，继续朝向大本营移动。

注意：现在的游戏是一个无休止的游戏，并没有游戏成功的判定。那么如何让一个游戏不再无休无止进行呢？在第6课中你会找到答案。

4-4 作品实战——突破火线

● **作品效果图（见图4.17）**

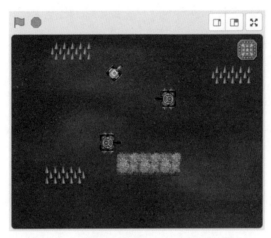

图4.17 作品效果图——突破火线

● **作品功能**

我军坦克要穿过战场上的层层阻碍，抵达目的地。

■ 舞台背景为战场，目的地位于舞台右上方。

■ 我军坦克从舞台底部中央出发，不停地向前移动，按下鼠标可以改变坦克的面向方向。

■ 敌军坦克在舞台中间区域，在水平方向上不停地来回移动。

■ 我军坦克碰到舞台边缘、草垛时，不能继续向前移动（即运动会被阻挡）。

■ 我军坦克碰到敌军坦克、地刺时，游戏结束。

■ 我军坦克碰到目的地时，游戏成功。

● **作品步骤提示**

■ 本作品中的所有素材，请到我们的公众号中下载。

■ 为作品添加背景，并添加"目的地"角色，完成初始化至舞台合理位置。

■ 添加我方的坦克角色，初始化在舞台底部中央位置。

■ 使用运动、控制模块、侦测模块积木，实现我军坦克的不停移动，在按下鼠标时，移动方向发生改变的功能。

■ 添加敌军坦克角色，初始化在舞台中部区域，并使用运动、控制模块，实现坦克在舞台上来回运动的功能。

■ 添加草垛、地刺等障碍物类角色，完成初始化至舞台合理位置。

■ 使用控制模块、侦测模块积木，实现坦克碰到不同障碍物时的不同功能。

  □ 当碰到边缘、草垛时，不再继续向前移动。

  □ 当碰到地刺、敌军坦克时，游戏失败，结束游戏。

  □ 当碰到目的地时，会说"到达目的地"，游戏成功，结束游戏。

第5课 四面楚歌

学习目标

* 能够使用侦测类积木，通过键盘按键控制角色（移动或其他动画效果）；

* 掌握"如果……那么……否则……"积木的使用方法，能够区分"如果……那么……"相关积木（"如果……那么……""如果……那么……否则……"）的含义以及应用场景；

* 能够使用事件类积木，实现按键控制角色移动的功能，并能说出使用侦测类和事件类积木实现控制功能的区别；

* 能够实现角色跟随鼠标指针不停移动的功能；

* 能够区分"面向鼠标"和"移到鼠标"积木的功能与应用场景；

* 掌握"重复执行直到……"积木的使用方法；

* 能够根据需求，独立完成"突出重围"作品的制作。

5-1 通过键盘控制角色

◼ 按下键盘的某个键（侦测）

如果希望通过键盘控制角色，需要侦测键盘的某个按键是否被按下，可以使用"按下空格键"的侦测积木来实现。单击积木中的下拉菜单，选择具体按键。

需要注意，将"如果……那么……"积木添加到"点击绿旗"的事件之后，积木会在点击绿旗之后立刻执行。如果希望程序能够持续性检测用户是否按下了某个按键，则需要重复执行"按键检测"这个功能（见图5.1）。

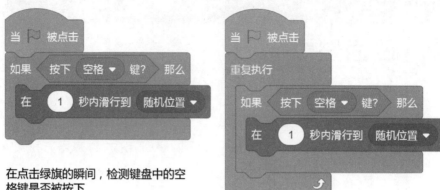

在点击绿旗的瞬间，检测键盘中的空格键是否被按下
如果被按下，角色滑行到随机位置

在点击绿旗的瞬间，开始不断地检测键盘中的空格键是否被按下
如果被按下，角色滑行到随机位置

图5.1　使用重复执行积木，配合如果那么，实现多次的检测

◉ 如果……那么……否则

在控制模块当中，"如果……那么……"积木实现的是在符合某个条件的情况下，执行某些积木；如果需要根据具体情况，在符合条件时执行某些积木，在不符合条件时执行其他积木，就需要使用"如果……那么……否则"积木来实现了（见图5.2）。

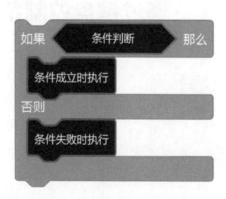

图5.2　"如果……那么……否则……"积木

多层"如果……那么……否则……"积木的嵌套：通过多层"如果……那么……否则……"积木的嵌套，可以实现多条不同的执行"方向"，依据具体情况选择相对应的积木组进行执行。

例如，希望检测当前的日期是星期几，并且根据不同结果，让角色说出不同的介绍信息（见图5.3）。

图5.3　侦测当前日期是星期几，根据不同结果执行不同积木

注意：在国外，每周的第一天是星期日，所以数字1对应的是星期日，数字2对应的是星期一，数字7对应的是星期六。

◉ 无法斜向运动的积木搭建方法

在操作角色进行运动时，如果希望通过键盘的上、下、左、右四个方向键（↑、↓、←、→）控制角色朝向四个方向运动，可以使用多个"如果……那么……"积木来实现，也可以使用多个"如果……那么……否则……"积木来实现。这两种实现方法有何不同呢（见图5.4）？

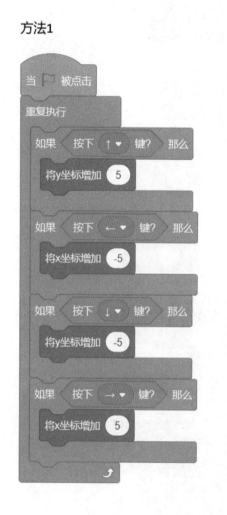

图5.4　按键控制角色移动——两种不同的实现方法

1. 实现方法1：使用多个"如果……那么……"积木

在这种实现方法当中，当用户同时按下键盘的多个键位时，会进行斜向移动。例如，同时按下向上的方向键（↑）和向右的方向键（→），会发现角色朝向右上方（↗）进行移动（见图5.5）。

在这段积木组中，程序会依次进行判断，只要"如果……那么……"积木中的条件成立，就执行其中对应的积木组，如果有多个"如果……那么……"积木成立，那么这些积木中的内容都会被执行。

方法1

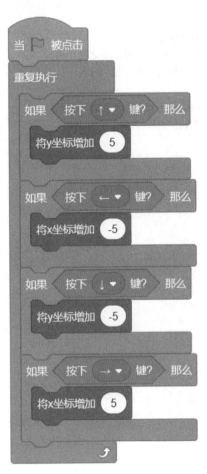

首先判断是否按下 ↑ 键
如果按下则y坐标增加5
如果没有按下，则结束这个判断积木
无论按下↑键是否成立都不会影响其他的 "如果……那么……" 积木

如果同时按下多个键，则分别进行判断

图5.5　按键控制角色移动——方法1分析

2. 实现方法 2：使用多个"如果……那么……否则……"积木

在这种实现方法中，当用户同时按下键盘的多个键位时，并不会斜向移动，始终只会朝上、下、左、右的某一个方向进行移动。

在这段积木组中，程序会先判断是否按下了向上的方向键（↑），如果按下，则向上移动，无论此时有没有按下其他的方向键，都是向上移动；如果没有按下向上的方向键（↑），则判断是否按下了向左的方向键（←），依次类推，逐步进行判断（见图5.6）。

方法2

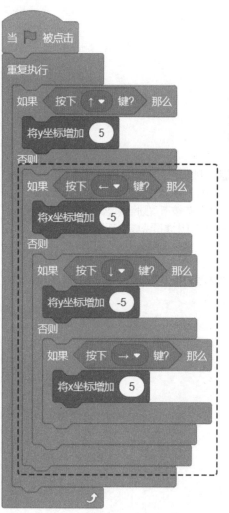

首先判断是否按下 ↑ 键
如果按下则y坐标增加5，之后不再执
行第一个否则当中的任何内容

如果没有按下 ↑ 键才会执行否则当
中的内容，判断是否按下 ← 键

图5.6　按键控制角色移动——方法2分析

编程提示

　　并不是所有的按键都可以被检测到

　　在侦测模块的积木中，可以检测是否按下了键盘的某个键，在键位的下拉菜单
中有一个"任意键"的选项。

　　这个任意键表示的是所有常用键（字母、数字、符号、方向键等）。对于
F1~F12键、系统的特殊功能键（Alt、Tab、Shift键等）并不属于这个"任意键"的
范畴。

动动手——模拟实战

❶ 作品效果图

作品效果如图5.7所示。

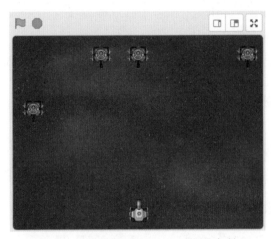

图5.7　作品效果图——模拟实战

❷ 作品功能

敌军坦克不断逼近我军阵地，发射子弹，阻止它们！

● 舞台背景为战场。

● 我军坦克出现在舞台底部中央，按下键盘的左键或右键（←或→）可以控制其向左或向右移动，按下键盘的空格键，坦克发射子弹。

● 敌军坦克出现在舞台顶部，不断向下移动。

● 当任何一个敌军坦克碰到底部舞台边缘，游戏结束。

● 子弹在发射之后，不停地向上飞行，如果碰到敌军坦克，敌军坦克消失，在一段时间之后，敌军坦克会重新出现在最初的位置，再次开始新的一轮移动。

● 碰到敌军坦克的子弹继续向前飞行，碰到舞台顶部边缘之后，子弹消失。

● 我军坦克，只能同时发射1发子弹，只有子弹消失后，才能够发射新的子弹。

❸ 作品步骤提示

● 本作品中的所有素材，请到我们的公众号中下载。

- 为作品添加背景，并添加我军坦克角色，完成初始化至舞台下方中央位置。
- 使用运动、控制模块积木，实现键盘（左右键）控制我军坦克左右移动的功能。
- 为作品添加敌军坦克角色，完成初始化至舞台上方，实现坦克不断向下移动，碰到边缘游戏结束的功能。
- 为作品添加子弹角色，在游戏开始阶段时隐藏，实现按下空格键，子弹出现在我军坦克位置，并不断向上飞行（移动），当子弹碰到舞台边缘时消失（隐藏），才能够发射下一颗子弹。
- 使用控制、侦测模块积木，实现子弹消灭敌军坦克的功能。
  - 当敌军坦克碰到子弹，敌军坦克被消灭（隐藏），在一段时间之后，重新出现在初始位置，开启新的一轮移动。
  - 可以添加多辆敌军坦克，每辆坦克最初位置有所不同，其他功能均相同。

注意：在这个作品当中，敌军坦克每次都会在固定时间间隔后出现在原来的初始位置，作品不够有趣，别急，在之后的第6课当中，我们会讲解一个神奇的积木，来解决这类问题。

5-2　多样的事件

在前面的章节中，已经学习了"当绿旗被点击"这一事件。它让我们实现了"用户点击绿旗时，开始执行程序"的功能。

Scratch为我们提供了多种事件类型的积木，以方便用户进行操作。

◉ 便捷的键盘与鼠标事件

Scratch软件提供了一些事件，让用户可以通过键盘或鼠标，更便捷地控制角色，例如"按下键盘的某个键"和"当角色被点击"积木（见图5.8）。

图5.8　键盘与鼠标事件

直接使用事件与使用控制模块、侦测模块实现的角色控制，两者的触发机制有所不同（见图5.9）。

- 如果使用控制模块和侦测模块的积木组合，需要将这个积木组放置于某个事件积木的下方，此时，必须通过相应的事件才能够触发这个积木组的功能。
- 如果直接使用事件，那么无须点击绿旗，直接单击角色或者直接按下键盘当中的相应键，就可以执行事件下面的积木组。

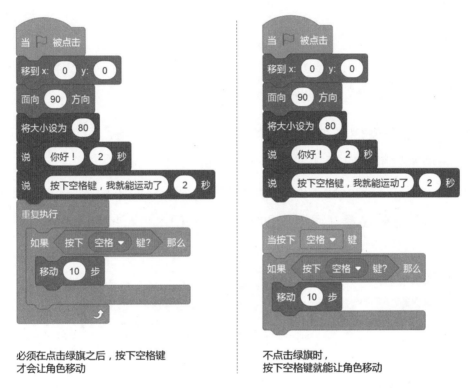

图5.9　使用控制模块和侦测模块实现的角色控制有何不同

◉ 其他事件

除了点击绿旗、背景切换相关事件、键盘与鼠标相关事件之外，Scratch还提供了各种各样的事件，包括与声音高低相关的事件、与计时器相关的事件、与消息相关的事件（见图5.10）。

其中，与消息相关的事件比较特殊，这种事件是由作品制作者自行定义的，这部分的知识在第3单元中会详细讲解。

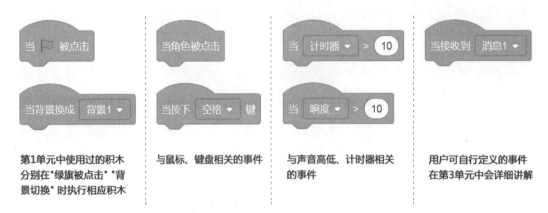

图5.10　Scratch中的其他事件

● 多事件控制角色功能

在Scratch中，能够使用多种事件对角色进行综合的控制，每种角色都可以添加多种事件，任意一种事件都可以添加多个（见图5.11）。

对于多个同种事件，在符合条件时会同时开始运行，如果积木之间具有一定的执行顺序要求，那么需要额外注意（可以借助等待1秒的积木进行控制）。

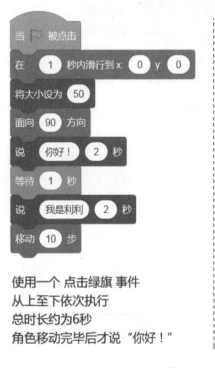

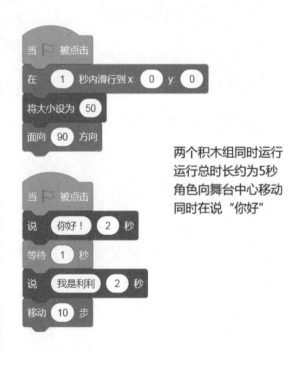

图5.11　使用多个事件控制角色

编程提示

❶ 可以添加多种事件

可以为角色添加多种事件，同一种事件可以添加多个。

❷ 事件类的按键侦测有限

在事件类中，当按下"…"键积木中有一个"任意键"的选项。和侦测类的按键侦测积木一样，也无法侦测F1~F12键、系统的特殊功能键（Alt、Tab、Shift键等）。

可以侦测的按键包括所有的英文字母（不区分大小写）、数字、方向键、空格键等。

动动手——全能战车

❶ 作品效果图

作品效果如图5.12所示。

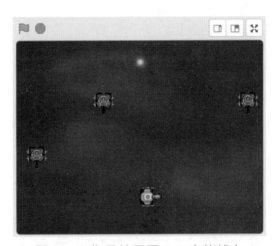

图5.12　作品效果图——全能战车

❷ 作品功能

敌军坦克还在不断逼近，我军坦克升级了装备，学习了新技能，让我们迎击敌军吧。

● 舞台背景为战场。

● 敌军坦克位于舞台上方，不停向下移动，如果敌军坦克移动到舞台底端边缘或我军坦克位置，游戏失败，游戏结束。

- 我军坦克位于舞台底部，可以使用键盘的W、A、S、D键控制其上、下、左、右移动，使用空格键发射子弹。
- 子弹在发射之后，不停地向上飞行，如果碰到敌军坦克，敌军坦克消失，在一段时间之后，敌军坦克会重新出现在最初的位置，再次开始新的一轮移动。
- 碰到敌军坦克的子弹继续向前飞行，碰到舞台顶部边缘之后，子弹消失。
- 我军坦克拥有两个额外技能，按下键盘J键时，坦克移动加速，会出现幻影；按下键盘K键时，坦克外部会出现防护罩，防护罩能够保护我军坦克不受伤害，敌军坦克碰到我军坦克，敌军坦克会被消灭。

③ 作品步骤提示

- 本作品请基于5-1节"模拟实战"作品进行制作。
- 使用控制、侦测模块积木，实现按下W、A、S、D键控制我军坦克上下左右移动的功能。
- 为我军坦克添加额外技能：
  - 按下J键，坦克切换为幻影造型，移动加速，一段时间之后恢复原有的移动速度。
  - 按下K键，坦克切换为防护罩的造型。
- 为敌军坦克搭建积木，在碰到我军坦克时进行判断，如果碰到防护罩（使用碰到颜色的侦测积木），则敌军坦克被消灭（隐藏），过一会后出现在初始位置，重新开始新的一轮移动；如果直接碰到我军坦克，游戏失败，游戏结束。

5-3　通过鼠标控制角色运动

在第1单元中，我们讲解了如何让角色进行自动运动。其实，还能够将角色的运动与鼠标或其他角色相关联，让游戏者通过鼠标控制某个角色的运动。

◪ 移到鼠标指针

运动模块中，提供了一个"移到随机位置"的积木。单击"移到随机位置"积木右侧的三角，打开下拉菜单就可以选择"移到鼠标指针"了（见图5.13）。

移到鼠标指针这个积木可以单独使用，但更多情况下是与"重复执行"积木相配合，实现角色跟随鼠标持续移动的功能。

图5.13　移到鼠标指针积木

◉ 面向鼠标与面向角色

在运动模块中，可以使用"面向鼠标"积木灵活地控制角色面向方向，让角色面向鼠标或者其他角色（见图5.14）。

当只有一个角色时，并没有面向其他角色的选项

当有多个角色时，可以让当前角色面向其他角色

图5.14　面向鼠标指针与面向角色

需要注意的是，这两种功能使用的是同一种积木，如果在Scratch作品中，只包含一个角色，下拉菜单中并不会拥有"面向角色"的选项。

面向角色与面向鼠标指针积木，通常有两种使用方法。

- 在某种情况下（发生某种事件或符合某个条件），面向指定方向，提升作品的视觉效果。
- 与"重复执行"以及其他运动类积木相配合，实现角色不停地朝向鼠标或其他角色进行移动的功能。

面向鼠标指针的应用如图5.15所示。

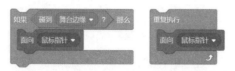

图5.15　面向鼠标指针的应用

重复执行直到……

在控制模块的积木中，有一种很特殊的积木，叫作"重复执行直到……"。可以将它简单地理解为"重复执行"与"如果……那么……"两种积木的结合体（见图5.16）。

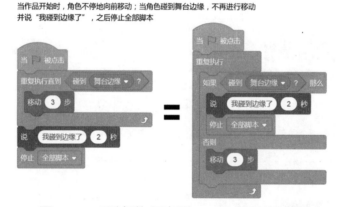

图5.16　"重复执行直到……"的积木功能

不停地进行执行，每次执行都会进行判断，如果条件成立，则执行条件成立时对应的积木组（重复执行直到……这个积木后面的内容）；如果条件不成立，则执行条件失败时对应的积木组（重复执行直到……这个积木当中的内容）。

> **编程提示**
>
> ❶ 角色无法跟随鼠标指针移出舞台
>
> 使用移到鼠标指针积木时，如果鼠标位于舞台区域内，角色会跟随鼠标进行移动；如果鼠标移出舞台区域，角色会卡在舞台边缘，并不会"飞出"舞台区。
>
> ❷ 使用面向角色时，请注意角色的旋转模式
>
> 使用面向角色积木时，若角色没有正确朝向目标方向，可以检查一下角色的旋转模式设置是否正确。

动动手——集中火力

❶ 作品效果图

作品效果如图5.17所示。

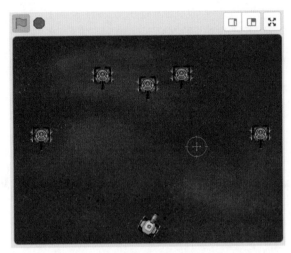

图5.17　作品效果图——集中火力

❷ 作品功能

敌军坦克如潮水般涌来，请集中我们的火力消灭敌人。

- 舞台背景为战场。
- 我军坦克出现在舞台底部中央，不能移动，坦克的方向始终面向当前鼠标指针的方向。
- 敌军坦克出现在舞台顶部，不停地向下移动，碰到边缘或我军坦克时，游戏结束。
- 舞台上有坦克的瞄准镜，瞄准镜会随着鼠标指针移动，使用瞄准镜瞄准敌军坦克，按下鼠标，敌军坦克会被消灭。
- 被消灭的坦克在一段时间之后会重新回到初始位置，开始新的一轮移动。

❸ 作品步骤提示

- 本作品中的所有素材，请到我们的公众号中下载。
- 为作品添加背景，添加角色我军坦克，并初始化至舞台底部中央位置。
- 为我军坦克添加积木，实现坦克始终面向鼠标指针方向的功能。

- 为作品添加敌军坦克角色，完成初始化至舞台上方，实现坦克不断向下移动，碰到边缘游戏结束的功能。

- 为作品添加瞄准镜角色，完成瞄准镜始终跟随鼠标，位于鼠标位置的功能。

- 为敌军坦克添加被击中的功能，当用户按下鼠标时，如果敌军坦克碰到瞄准镜，敌军坦克会被击中（切换为一连串的爆炸造型，之后隐藏），过一会后出现在初始位置，重新开始新的一轮移动。

- 添加更多的敌军坦克，这些坦克在最初出现位置上有所不同，其他功能均相同。

5-4　作品实战——突出重围

◼ 作品效果图（见图5.18）

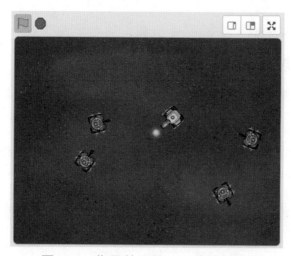

图5.18　作品效果图——突出重围

◼ 作品功能

我军坦克陷入了重重包围，通过自己的英勇奋战，杀出重围。

- 舞台背景为战场。

- 我军坦克初始在舞台中间位置，会跟随鼠标进行移动。

- 敌军坦克出现在舞台四周，最初面向我军坦克，不断向前移动，碰到舞台边缘时，再次调整方向，面向我军坦克，不断向前移动。
- 我军坦克碰到敌军坦克时会发生爆炸（切换为一连串的爆炸造型），爆炸后游戏结束。
- 敌军坦克碰到子弹时会发生爆炸（切换为一连串的爆炸造型），爆炸后隐藏，一段时间之后，重新回到初始位置，开始新的一轮移动。

◉ 作品步骤提示

- 本作品中的所有素材，请到我们的公众号中下载。
- 为作品添加背景，添加我军坦克角色，完成初始化至舞台中心位置。
- 使用运动、控制、侦测模块积木，实现我军坦克跟随鼠标移动的功能。
- 为作品添加敌军坦克角色，完成初始化至舞台周边区域，面向我军坦克，使用运动、控制、侦测模块积木，实现敌军坦克不断移动，碰到舞台边缘后再次面向我军坦克的功能。
- 为我军坦克添加爆炸功能（切换为一连串的爆炸造型），爆炸后游戏结束。
- 为敌军坦克添加被击中的功能：如果敌军坦克碰到子弹时会被击中（切换为一连串的爆炸造型，之后隐藏），过一会儿后出现在初始位置，重新开始新的一轮移动。

第 6 课　躲避坦克军团

学习目标

* 熟练掌握变量类积木的使用方法；

* 能够使用变量类积木，实现倒计时的功能；

* 能够使用随机数积木，对角色的位置、造型、方向、等待时间等属性进行设置；

* 能够实现作品与用户的交互，获取用户输入的内容；

* 认识流程图，并能使用流程图梳理作品的实现逻辑；

* 能够根据需求，独立完成"武装突围"作品的制作。

6-1　随机数

◪　游戏中随处可见的随机数

随机数是在某个范围之内，随机地选择一个数字。在游戏或项目当中，随机数的应用非常广泛，如投掷骰子、抽奖、位置和运动控制等方面均有涉及。随机数不但是作品功能中必不可少的组成部分，还是提升作品趣味性的重要因素。

在不同的数字之间获取随机数，每个数字出现的概率也不相同。

■　如果从1~10获取随机数，则相当于是在1、2、3、4、5、6、7、8、9、10这十个数字中随机获取一个，每一个数字被获取的概率为10%；

■　如果从1~4获取随机数，则相当于是在1、2、3、4这四个数字中随机获取一个，每一个数字被获取的概率为25%。

◪　移动至随机位置

在Scratch中提供了三种积木，用于实现角色移动到随机位置的功能。其中，两种积木为运动类模块积木，第三种积木为值类型积木，可以在某个范围内获取一个随机数，之后再将这个随机数放置到运动类积木中（见图6.1）。

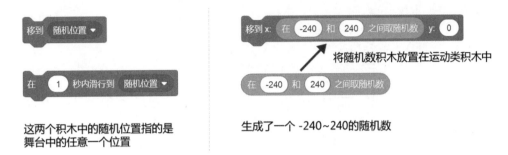

将随机数积木放置在运动类积木中

这两个积木中的随机位置指的是
舞台中的任意一个位置

生成了一个 -240～240的随机数

图6.1　三种不同的随机数

在不同的作品中，对于角色的功能需求有所不同。

■ 角色移动到舞台中的任意位置，可直接使用"移到随机位置"或"在1秒内滑行到随机位置"的积木来实现。

■ 角色移动到舞台中某个范围内的任意位置，可以借助"在1和10之间取随机数"的积木来实现。

如图6.2所示，希望让角色随机出现在舞台中间区域（不出现在边缘），可以借助"在1和10之间取随机数"的积木来实现。

根据舞台中间区域的具体大小，可以得出随机数的取值范围。将x值设置为一个随机数值（-200～200），将y值设置为一个随机数值（-150～150），就可以实现这个功能了。

舞台区域

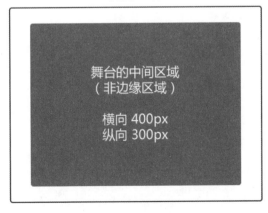

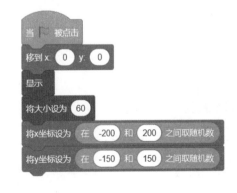

图6.2　舞台中心（非边缘）区域

◙ **角色非运动属性的随机性**

除了为角色设置随机位置之外，也可以针对角色的大小、方向、造型等各种属性使用随机数。

对于角色造型，数字表示的是该造型的编号。在图6.3中，角色共有6个造型，编号分别为1~6，在点击绿旗之后，会随机切换为这6个造型中的某一个造型（见图6.3）。

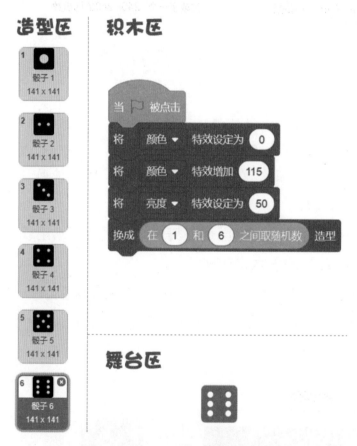

图6.3 将角色切换为随机造型

⎛ **编程提示** ⎞

❶ 随机数积木中两个数字的关系

在随机数积木中，由两个数字控制随机数的取值范围，对于这两个数字，放置位置随意，可以将较大的数字放在前面，也可以将较小的数字放在前面，在书写时，出于查看便捷的角度考虑，更推荐将较小的数字放在前面。

以下两种积木的功能是完全相同的（见图6.4）。

图6.4　随机数与两个数字的排布顺序无关

❷ 随机小数

当在随机数积木中有任意一个数字为小数时，生成的随机数为随机小数（见图6.5）；

当在随机数积木中，两个数字均为整数时，生成的随机数为随机整数。

图6.5　生成随机小数

动动手——神出鬼没

❶ 作品效果图

作品效果如图6.6所示。

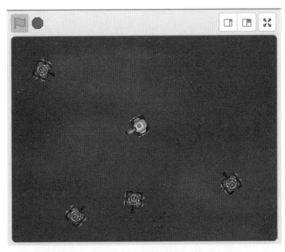

图6.6　作品效果图——神出鬼没

❷ 作品功能

敌军坦克会出现在舞台边缘的随机位置，捉摸不透它们的行踪。

● 舞台背景为战场。

● 我军坦克初始在舞台中间位置，会跟随鼠标进行移动。

● 敌军坦克出现在舞台四周的随机位置，最初面向我军坦克，不断向前移动，碰到舞台边缘时，再次调整方向，面向我军坦克，不断向前移动。

● 我军坦克碰到敌军坦克时会发生爆炸（切换为一连串的爆炸造型），爆炸后游戏结束。

● 敌军坦克碰到子弹时会发生爆炸（切换为一连串的爆炸造型），爆炸后隐藏，一段时间后，重新回到初始位置，开始新的一轮移动。

❸ 作品步骤提示

● 本作品请基于5-4节"突出重围"作品进行制作。

● 使用随机数积木，优化敌军坦克的初始位置（通过控制x值和y值的取值范围，实现区域性的随机）。

● 使用随机数积木，优化敌军坦克爆炸后，再次出现在舞台上的时间间隔。

6-2　变量

◉ 什么是变量

在程序中，每个变量都是一个存储空间，都拥有自己的名字。在程序执行过程中，存储空间中的值（也就是变量的值）可以发生改变。在Scratch的变量中，可以存储数字，也可以存储字符串（文字符号等）。

借助我们的生活来理解一下变量：变量就如同一个盒子，在这个盒子中放置了一个苹果，过了两天把苹果换成了葡萄。在替换前后，盒子本身并没有发生变化，而盒子的内容发生了改变（见图6.7）。

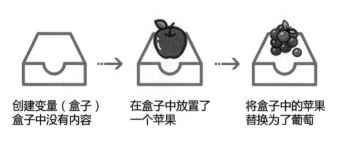

创建变量（盒子）
盒子中没有内容
在盒子中放置了
一个苹果
将盒子中的苹果
替换为了葡萄

图6.7 将变量理解为一个盒子

定义与使用变量

1. 定义变量（创建变量）

在变量模块中找到"建立一个变量"选项，单击之后，在弹出的窗口当中输入变量的名称，并选择变量可以应用的范围（见图6.8）。

图6.8 定义一个变量

- 变量名称：变量名称可以由中文、字母、数字、符号组成，需要注意的是，不要让变量名称和Scratch软件自带的一些名称重复，不然会很容易将它们混淆。

- 变量应用范围：变量分为全局变量和局部变量两种，当变量设置为"适用于所有角色"时，该变量为全局变量，全局变量在任意角色、背景当中都可以获取、使用或设置；当变量设置为"仅适用于当前角色"时，该变量为局部变量，局部变量只能在当前角色中使用。

- 当变量被定义之后，变量的默认值为0。

- 变量的值可以设置为数字，也可以设置为字符串。

2. 编辑变量与删除变量

变量在创建之后，如果希望修改变量名称或删除变量，有以下两种操作方法（见图6.9）。

- 在创建好的变量名称上单击鼠标右键，在弹出的快捷菜单中，选择"修改变量名"或"删除变量"的菜单选项。

■　在变量名称的下拉菜单中选择"修改变量名"或"删除变量"选项。

图6.9　变量的编辑与删除

◉ 变量的相关积木

在创建一个新变量之后，变量模块中会出现一些新的积木，这些积木用于设置该变量的值以及在舞台中的展示状态（显示或隐藏），如图6.10所示。

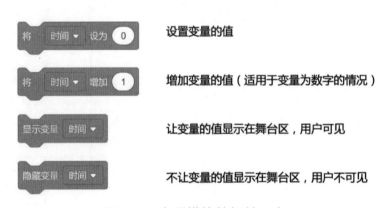

图6.10　变量模块的相关积木

◉ 变量实现计时系统

Scratch软件本身提供了计时的积木，但是计时器的积木是正计时（计时器的值会随着时间的增加而不断增大）。对于一些游戏当中倒计时的功能，计时器就派不上用场了，此时可以借助变量来实现。

创建一个变量，名称为"时间"，在作品开始时，将时间设置为60秒，并让"时间"变量显示出来，每隔1秒变量值减1，当变量值减少到0时，停止所有脚本（见图6.11）。

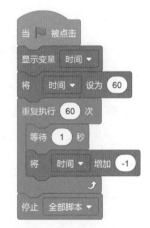

图6.11　使用变量，实现倒计时功能

编程提示

❶ 变量的应用场景

当需要多次使用某个数值或字符时，我们会使用变量将这个值存储下来。

❷ 全局变量的应用场景

如果变量会在两个或两个以上的角色当中使用，需要将这个变量设置为"全局变量"。在其他情况下，可以将变量设置为"仅适用于当前角色"即可。

❸ Scratch内置的计时器功能

Scratch软件中包括两种计时器的积木，分别是"计时器归零"和"计时器"（见图6.12）。

Scratch软件自带计时器的特点如下。

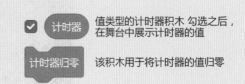

图6.12 计时器相关积木

● 计时为正计时；

● 计时精度很高，可以精确到1毫秒（千分之一秒）；

● 从打开作品时开始计时，点击停止的红色按钮并不会停止计时，点击绿旗会重新开始计时。

基于这样的特点，Scratch的计时器可以用于检测某些积木的执行时间，或实现对时间精度要求比较高的计时功能（见图6.13）。

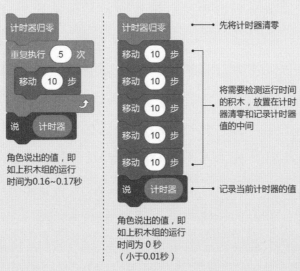

图6.13 计时器的用途

动动手——火力覆盖 ◉··

① 作品效果图

作品效果如图6.14所示。

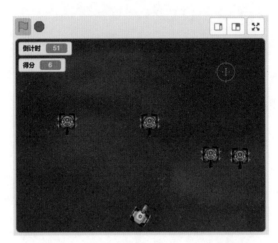

图6.14 作品效果图——火力覆盖

② 作品功能

敌军坦克会出现在舞台上方的随机位置，请保持高度警觉，在60秒内尽可能多地击退敌人。

- 舞台背景为战场。
- 我军坦克出现在舞台底部中央，不能移动，坦克的方向始终面向当前鼠标指针的方向。
- 敌军坦克随机出现在舞台顶部，不停向下移动，碰到边缘或我军坦克时，游戏结束。
- 舞台上有坦克的瞄准镜，瞄准镜会随着鼠标移动，使用瞄准镜瞄准敌军坦克并单击，敌军坦克会被消灭（具有爆炸过程的特效）。
- 被消灭的坦克在一段时间之后，会重新回到初始位置，开始新的一轮移动。
- 设置得分系统，每消灭一辆敌军坦克，得分加1分。
- 设置倒计时功能，游戏时长共60秒，计时为0秒时游戏结束。

③ 作品步骤提示

- 本作品请基于5-3节"集中火力"作品进行制作。

- 使用随机数积木，优化敌军坦克的初始位置（通过控制x值和y值的取值范围，实现区域性的随机）。
- 使用随机数积木，优化敌军坦克爆炸后，再次出现在舞台上的时间间隔。
- 添加"得分"变量，每次击中敌军坦克，得分加1分。
- 添加"倒计时"变量，设置初始值为60秒，每隔1秒倒计时变量减1，当倒计时值为0秒时，游戏结束。

6-3　让作品变得更有趣

◉ 与用户对话

在侦测模块中有两个特殊的积木，用于与作品的用户（使用者、游戏者）对话，进行交互。

通过"询问"，向用户提出问题，用"回答"积木块存储用户回答的内容（见图6.15）。

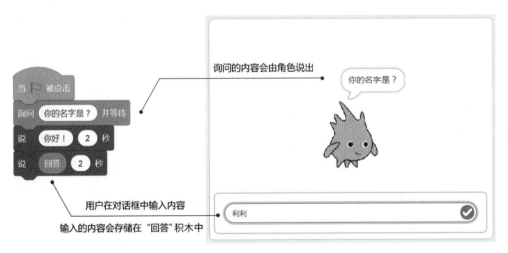

图6.15　"询问"积木

这两种侦测积木，让作品与用户能够进行合理交互，可以让用户决定作品的具体功能甚至结局。

在图6.16的案例中，角色会询问用户的性别，根据用户的回答做出合理的判断。

- 如果用户的回答为"女"，角色造型会切换为女魔法师。
- 如果用户的回答为"男"，角色造型会切换为男魔法师。
- 如果用户的回答是其他答案，则给出相应提示和反馈。

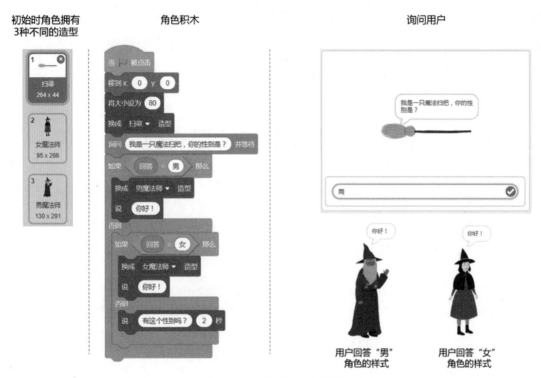

图6.16　询问积木示例

◉ 让作品变得丰富多彩

在一个Scratch作品中，通常包含核心部分和附加部分。核心部分用于实现角色的主功能逻辑，附加部分则是让作品变得更有趣。

对于一个有趣的作品，随机数以及变量往往都是不可或缺的组成部分。

- 随机数能够为作品添加随机性。
- 变量能够为作品添加生命值系统、得分系统、计时系统等，让游戏模式变得更多样。

1. 为作品添加随机性

图6.17的案例功能为：角色会出现在舞台中，用鼠标单击这个角色，角色会消失，之后会再出现在舞台中，不断重复此操作。

如果没有随机数：角色每次出现时，出现的位置是固定的（位于舞台中心），角色大小每次相同，在被鼠标单击之后，消失1秒，再重新出现在舞台中。

如果使用随机数：角色每次出现时，出现在舞台的随机位置，角色大小每次不同，有大有小，在被鼠标单击之后，消失一段时间，每次消失的时间不定（在1~2秒范围内），之后会重新出现在舞台中。

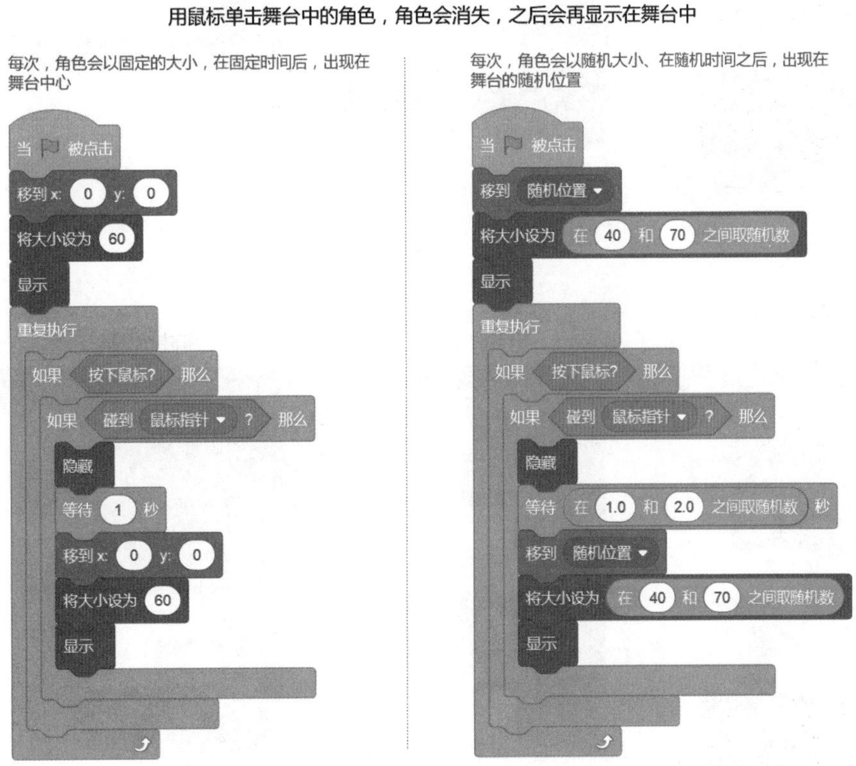

图6.17　使用随机数，让作品变得丰富多彩

2. 使用变量为作品添加功能

图6.18和图6.19的案例功能为：角色从舞台顶端，不停地向下移动，如果被鼠标单击或碰到舞台底部边缘时，会重新出现在舞台顶端，继续向下移动。

如果没有使用变量：游戏的运行是无休止的，用户单击角色或角色碰到舞台边缘并不会对游戏的结果造成任何影响。

如果使用变量：游戏并非是无休止的，而是有结束的，用户单击角色会记录单击成功的次数（得分），通过这个变量能够记录用户每次游戏的分数；如果用户没有单击到角色，让角色碰到了底部的舞台边缘，则会扣除用户的生命值，当生命值为0时，游戏结束。

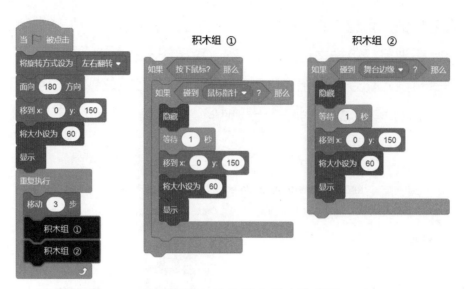

图6.18　使用变量，让作品变得丰富多彩（1）

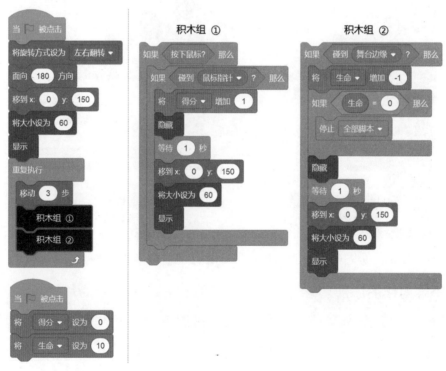

图6.19　使用变量，让作品变得丰富多彩（2）

◘ 编程中的流程图

在编程时，往往会通过绘制流程图的方式梳理作品功能。所谓流程图，指的是使用图形来表述编程思路，就如同盖房子之前的施工图一样，它能够直观、形象地将作品功能展示出来，还能够帮我们进一步梳理思路，锻炼编程思维。

常用的流程图符号有其固定的含义（见图6.20）。

- 圆角矩形：表示"开始"与"结束"。
- 矩形：表示普通工作环节。
- 菱形：表示问题判断或判定环节。
- 平行四边形：表示输入、输出。
- 箭头：表示工作流方向，用于连接不同的流程图符号。

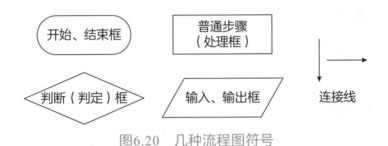

图6.20 几种流程图符号

对于功能复杂的作品，在搭建积木之前，建议绘制流程图，清晰的流程图能够帮助我们更好地理清思路，之后参照流程图编写代码，很容易就能够完成内容的编程。

流程图范例1：标准的顺序结构，积木自上而下执行，不涉及控制类积木，不会出现特殊的执行流程（见图6.21）。

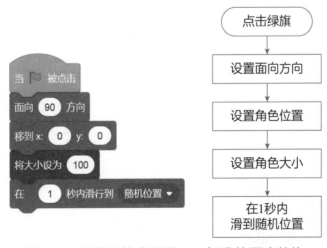

图6.21 最普通的流程图——标准的顺序结构

流程图范例2：控制模块中的条件类积木（如果……那么……），会进行相应的判断，根据判断结果成立与否，执行不同的积木（见图6.22）。

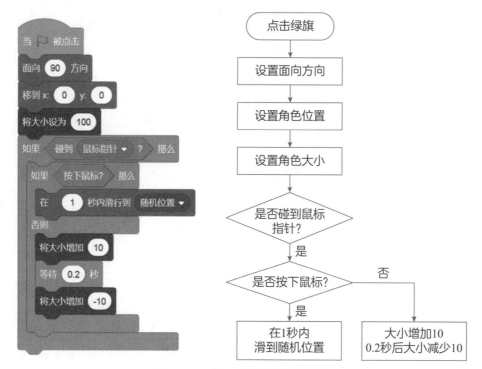

图6.22　包含判断的流程图

流程图范例3：控制模块中的循环类积木（重置执行），在执行时，会进入到一种循环状态，不断重复执行某些积木（见图6.23）。

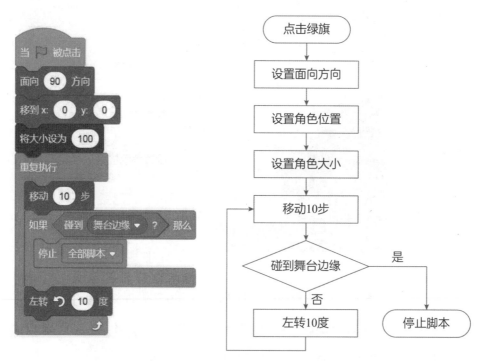

图6.23　包含循环（重复执行）、判断的流程图

编程提示

❶ 积木搭建之前，根据具体情况进行流程图的绘制

在最初学习时，建议针对每个作品绘制流程图。

当掌握熟练Scratch编程，具有一定的编程思维之后，只需要针对作品中较为复杂的逻辑部分绘制流程图。

❷ 在流程图绘制中，并不需要绘制每一个步骤

在流程图绘制中，可以将一些简单的步骤适当合并，例如将"设置面向方向""设置角色位置""设置角色大小"几个流程合并为同一个流程步骤，统称为"角色位置、方向、大小初始化"。

动动手——炼狱战场

❶ 作品效果图

作品效果如图6.24所示。

图6.24 作品效果图——炼狱战场

❷ 作品功能

为作品增加游戏难度的功能，在沙场上尽情驰骋吧。

- 舞台背景为战场。

- 我军坦克，初始显示在舞台正中央，询问用户游戏难度。

- 用户可以通过输入数字控制游戏难度，不同游戏难度下，敌军坦克的移动速度有所不同；如果用户没有输入数值，在一段时间后会以默认难度开始游戏。

- 我军坦克跟随鼠标进行移动。

- 敌军坦克出现在舞台四周，最初面向我军坦克，不断向前移动，碰到舞台边缘时，再次面向我军坦克，向前移动。

- 我军坦克碰到敌军坦克时会发生爆炸（切换为一连串的爆炸造型），爆炸后游戏结束。

- 敌军坦克碰到子弹时会发生爆炸（切换为一连串的爆炸造型），爆炸后隐藏，一段时间后，重新回到初始位置，开始新的一轮运动。

❸ 作品步骤提示

- 本作品请基于5-4节"突出重围"作品进行制作。

- 在所有角色的移动积木前，搭建等待1秒积木，为询问预留时间。

- 添加"敌军坦克速度"变量，初始值为0，当用户在询问当中输入合理数值之后，对变量进行合理设置：

  ◦ 针对用户的回答进行判断。

  ◦ 如果用户回答的数字不是1~3的整数，则告知用户，需要"按要求输入"，之后继续询问用户对游戏难度的设置（重复提问，直到回答的数字是1~3为止）。

  ◦ 如果用户回答的数字是1~3，则将变量"敌军坦克速度"的值设为对应的数字。

- 将所有敌军坦克的移动速度设为变量"敌军坦克速度"的值。

6-4　作品实战——武装突围

◉ 作品效果图（见图6.25）

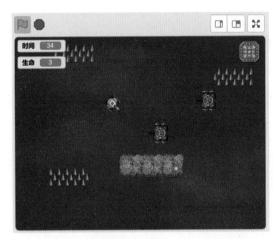

图6.25　作品效果图——武装突围

◉ 作品功能

我军坦克在上次突围之后，重整装备，开始武装突围之路！

■　舞台背景为战场，目的地位于舞台右上方。

■　我军坦克从舞台底部出发，不停向前移动，通过按下方向键，改变移动方向，按下空格键，会朝着当前方向发射子弹。

■　敌军坦克在舞台中间区域，在水平方向上不停地来回移动，碰到舞台边缘后消失，等待随机时间之后再次出现舞台上。

■　每隔一段时间，在舞台随机位置上出现医疗箱。

■　我军坦克碰到舞台边缘、草垛时，不能继续向前移动（即移动会被阻挡）。

■　我军坦克碰到敌军坦克、地刺时，减少生命值，当生命值降为0时，我军坦克爆炸，游戏结束。

■　我军坦克碰到目的地时，游戏成功。

■　我军坦克碰到医疗箱时，医疗箱消失，生命值增加3。

■　敌军坦克碰到子弹时爆炸，在等待随机时间后再次出现在舞台边缘，开始新一

　　轮的移动。

　　■　设置倒计时功能，游戏时长共60秒，计时为0秒时游戏结束。

◉ 作品步骤提示

■　本作品请基于4-4节"突破火线"案例进行制作。

■　改变我军坦克的操控方式，按下左移键（←），角色向左旋转45度，按下右移
　　键（→），则向右旋转45度。

■　添加"生命值"变量，将生命值的初始化添加在背景积木组中，初始值为3。

■　修改"我军坦克"的积木组：

　　□　碰到敌军坦克、地刺等角色时，生命值减少1；

　　□　生命值变化后，进行生命值判断，如果生命值小于1（0或者负数），则发
　　　　生爆炸（进行造型切换），之后游戏结束。

■　添加"子弹"角色：

　　□　子弹角色初始时不显示；

　　□　为角色（子弹）添加积木：实现按下空格键，子弹出现在我军坦克位置的功能；

　　□　为角色（子弹）添加积木：实现子弹面向"我军坦克"角色朝向方向进行
　　　　移动，当碰到舞台边缘时，角色隐藏的功能（提示：该步骤当中，需要使
　　　　用侦测模块中的"舞台的背景编号"积木，如图6.26所示）；

　　□　为角色（敌军坦克）添加积木：实现角色碰到子弹、发生爆炸的功能，爆
　　　　炸后角色消失，在等待随机时间之后重新出现在初始位置。

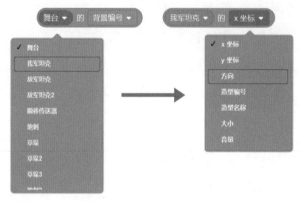

图6.26　作品效果图——武装突围　子弹面向"我军坦克"角色朝向方向

■　为角色（敌军坦克）添加积木：当敌军坦克运动到舞台边缘时，会隐藏，在等待随机时间之后再次出现，开始新的一轮移动。

■　为作品添加医疗箱角色，初始时不显示，每隔一段随机时间出现在舞台的随机位置，如果碰到我军坦克，则生命值变量会发生变化（增加），之后医疗箱隐藏。

■　为作品添加变量"倒计时"，在背景当中搭建倒计时功能相关积木，当倒计时的值为0时，游戏结束。

第3单元
Scratch进阶

* * * * * *

    一个优秀的作品，不仅仅具有精心打磨的细节，还具有较为复杂的逻辑关系，在多个场景的不同角色之间，往往会设置一定的关联。

    本单元共3课，着重讲解了事件模块中的消息类积木，并详细讲解了运算模块、扩展模块、画笔模块。

    本单元中涉及的积木逻辑难度较低，主要功能在于为作品增色添彩，或者实现一些特殊的功能需求，如跨角色控制。其中的一些知识，并非所有作品的必须组成部分，根据情况选择使用即可。

    通过本单元的学习，能够使用消息类积木实现跨角色的事件控制，制作拥有多个场景的作品；能够借助运算模块积木对Scratch作品中的一些小细节、控制类积木的条件部分进行优化；还可以把其他的扩展功能添加到作品中。

* * * * * *

第 **7** 课　激流勇进

学习目标

* 初步认识消息，能够使用通俗易懂的语言解释消息的概念与作用；

* 能够使用消息的相关积木实现跨角色控制；

* 认识并能灵活使用广播并等待的积木；

* 能够使用消息的相关积木，降低作品逻辑复杂度，增强复用性；

* 能够根据需求，并结合自己的创意，独立完成"激流勇进"作品的制作。

7-1　消息

◉ 什么是消息

一件事情就是一个消息，消息分为"广播（发送）消息"和"接收消息"两个阶段，消息必须先被发送，才能够被接收。

◉ 消息的广播（发送）与接收

在事件模块中，有三种积木，分别用于实现消息的广播和接收（见图7.1）。

"广播消息1"的积木用于发送消息，"当接收到消息1"的积木用于定义在接收消息时要做什么。

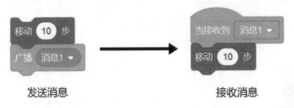

发送消息　　　　　　　　　　接收消息

图7.1　消息的发送与接收

在一个作品中可能会使用多个消息，单击消息类积木右侧的下拉菜单，选择"新消息"，就可以创建一个新的消息（见图7.2），消息名称的设置应当通俗易懂，有实际意义，这样更便于后期搭建积木时快速地找到相应的信息（在广播消息积木中的"消息1"是Scratch中的默认消息）。

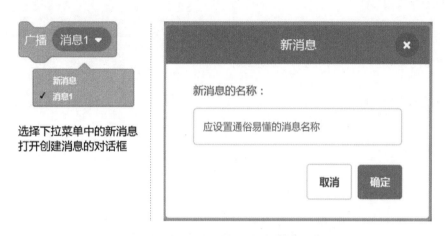

图7.2　创建一个新消息

◉ 消息的编辑与删除

消息的编辑与删除很特殊，并没有相应的操作按钮（见图7.3）。

当一个消息创建之后，就无法再修改这个消息的名称。如果希望修改一个消息的名称，则需要重新创建一个新消息，之后，用新消息的相关积木替换原有消息的积木。

在积木上单击鼠标右键，或者在积木的下拉菜单中，都没有修改该消息名称的选项。即在创建消息之后，无法修改消息名称

图7.3　消息的编辑与删除

如果一个消息没有用了，希望删除这个消息时，只需要将角色脚本区中的相应积木删除即可。

当某个消息不被任何角色或背景使用时，这个消息会被自动删除。

编程提示

特殊的事件类积木

大部分的事件类积木都是一段积木组的起始部分，但是，对于广播消息1、广播消息1并等待两种积木，并不能作为起始积木。

动动手——不进则退

❶ 作品效果图

作品效果如图7.4所示。

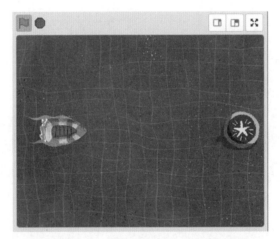

图7.4　作品效果图——不进则退

❷ 作品功能

游乐园中，有艘小船想逆流而上，到达终点。

● 舞台背景为水面。

● 游戏开始时，舞台上只有"开始"按钮，单击"开始"按钮之后，小船和终点显示在舞台合理位置。

● 小船会不停地自动向左移动（后退）。

● 用户使用鼠标单击终点，能够让小船向右移动（前进）。

● 小船碰到终点时，游戏成功，碰到舞台边缘时，游戏失败。

❸ 作品步骤提示

● 本作品中的所有素材，请到我们的公众号中下载。

- 为作品添加背景，并添加"小船""终点"角色，初始化在合理位置。
- 使用运动、控制模块积木，实现小船不断向左移动，并且会不断切换造型的功能。
- 使用运动、事件模块积木，单击终点角色时，广播"加速移动"的消息，当小船角色接收到"加速移动"的消息之后，向右移动随机步数。
- 使用控制、侦测模块积木，实现"小船碰到边缘时隐藏，游戏失败；碰到终点时，游戏成功"的功能。
- 为作品添加"开始按钮"角色，完成角色的初始化。
- 使用事件、外观模块积木，实现单击"开始"按钮，其他游戏角色才会显示并正常游戏的功能，在单击按钮之后，广播"开始游戏"的消息，其他角色接收到"开始游戏"的消息之后，执行核心功能。

注意：可以在开始游戏之后为角色设置一段等待时间，给予玩家一定的反应时间；在制作作品时，建议先完成核心功能的制作，再制作次要部分（开始游戏功能）。

7-2　广播消息并等待

◉ 广播消息并等待

消息的广播分为两种积木：一种是"广播消息"积木，另一种是"广播消息并等待"积木。这两种积木都能够进行消息的发送（见图7.5）。

- 广播消息：在广播（发送）消息之后，会继续执行该积木后面的积木内容，与此同时，接收到消息的积木组也会同步进行执行。
- 广播消息并等待：在广播（发送）消息之后，自身所在积木组的运行会先暂停，接收到消息的积木组会开始执行，当执行完毕之后，"广播消息"后面的积木才会继续执行。

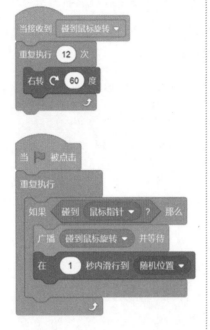 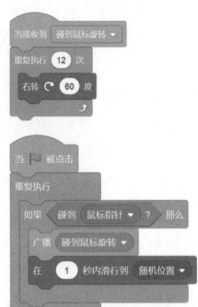

角色会先旋转720度，之后再滑行到　　　角色会一边进行旋转，一边向随机位置
随机位置，旋转执行完毕后再滑行　　　　滑行，旋转与滑行同时进行

图7.5　"广播消息"积木与"广播消息并等待"积木

◉ 何时使用消息

在Scratch中，可以针对任意一件事情来发送消息，消息主要有三大应用场景。

第一，当前角色控制自身，发生某个事件或符合某个条件时，当前角色执行某个特定功能。

第二，当前角色控制其他角色，即跨角色事件，当某个角色被操作或发生变化时，另一个角色发生变化。

第三，拆分复杂的积木，让积木组的逻辑更清晰，后期更易维护。

◉ 消息与事件的区别

消息类积木本身被归类在事件中，也就是说，消息其实是事件的一种。

仔细观察与接收消息相关的积木，会发现它的形状都是帽子形积木，和其他事件类积木的形状相同。

消息与系统事件有所不同，消息可以由我们（Scratch作品的开发者）自行定义和使用，而系统事件，我们并不能随意进行修改和处理。

大部分的系统事件有其输入来源（如鼠标、键盘等），这些系统事件中的消息发送，不来自于积木的操作，更多的是键盘鼠标的行为，而这些系统事件积木本身（"当绿旗被点击"等）主要用于接收消息（见图7.6）。

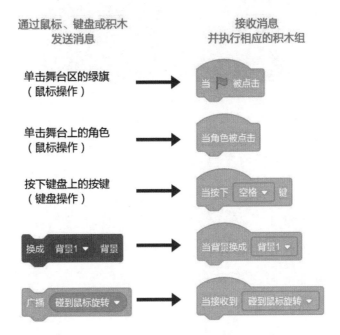

图7.6　发送消息与接收消息的对应关系

动动手——不畏阻碍

❶ 作品效果图

作品效果如图7.7所示。

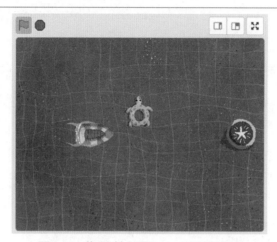

图7.7　作品效果图——不畏阻碍

❷ 作品功能

逆流而上的小船遇上了新的阻碍——一只绿龟。

● 舞台背景为水面。

● 游戏开始时，舞台上只有"开始"按钮，单击"开始"按钮之后，小船、终点和绿龟三个角色显示在舞台合理位置。

● 小船会不停地自动向左移动（后退）。

● 绿龟在舞台中部，在垂直方向上来回无休止运动。

● 用户使用鼠标单击终点，能够让小船向右移动（前进）。

● 小船碰到绿龟时会原地进行旋转，旋转时，小船的其他功能都不会被执行。

● 小船碰到终点时，游戏成功，碰到舞台边缘时，游戏失败。

❸ 作品步骤提示

● 本作品请基于7-1节"不进则退"作品进行制作。

● 为作品添加绿龟角色，完成角色的初始化（初始隐藏），在单击"开始"按钮之后，显示在舞台底部中心位置。

● 使用运动、事件、控制模块积木，实现绿龟在舞台垂直方向上来回无休止移动的功能。

● 由于小船碰到绿龟时会进行旋转，旋转时其他功能都会暂停，这个功能需要借助两个消息来实现，将原有开始游戏中的积木功能分开，创建"开始运动"和"碰到绿龟"两个消息。

- 当"开始"按钮被单击时，会广播两个消息，分别是"开始游戏"和"开始运动"。
- 使用运动、事件模块积木，实现小船碰到绿龟时，原地旋转的功能（小船旋转时，小船的其他积木会停止执行），当碰到绿龟时，停止运行该角色的其他脚本，之后广播"碰到绿龟"并等待，当旋转完成之后，广播"开始运动"的消息。

7-3　消息的作用

◩ 实现跨角色综合控制

Scratch的系统事件能够实现"操作某角色，该角色发生变化"的功能。此时，被操作的角色和发生变化的角色为同一个角色。在Scratch作品中，有时被操作角色和发生变化的角色会有所不同，例如：当角色A被鼠标点击时，角色B显示出来（见图7.8）。

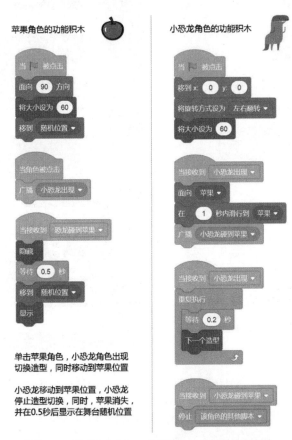

图7.8　使用广播，实现跨角色综合控制

对于跨角色操作，需要使用消息来实现。

- 让被操作的角色广播消息（发送消息）。

- 让发生变化的角色（可以是角色自身），接收消息，并定义接收到消息之后的积木功能。

◉ 降低作品逻辑层的复杂度

除了实现跨角色的综合控制之外，消息还能够简化作品逻辑。

对于逻辑相对较为复杂、积木量众多的Scratch作品，可以使用消息优化这些作品。让作品在保持功能不变的情况下，更加清晰明了，更容易被阅读（见图7.9）。

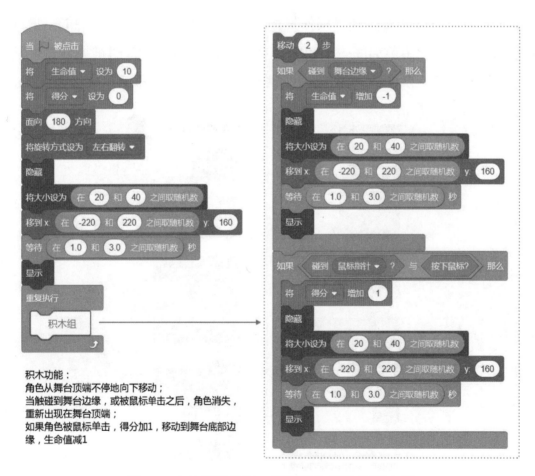

图7.9　未使用消息时，逻辑较为复杂的积木组

根据作品中的具体功能模块进行拆分（见图7.10）。

- 位置初始复位：角色隐藏后，以随机大小、随机时间之后出现在舞台顶部的随机位置，之后开始下落。

■ 下落：将角色下落的过程作为一个积木组，角色不停地向下移动，在碰到舞台边缘时或被鼠标单击时会有相关变化。

■ 生命值变化：当碰到舞台边缘时，生命值发生变化（减少1），当生命值为0时，游戏结束，停止所有脚本。

■ 分数变化：当角色被用户单击后，分数发生变化（增加1），当分数值为10时，游戏成功，游戏结束，停止所有脚本。

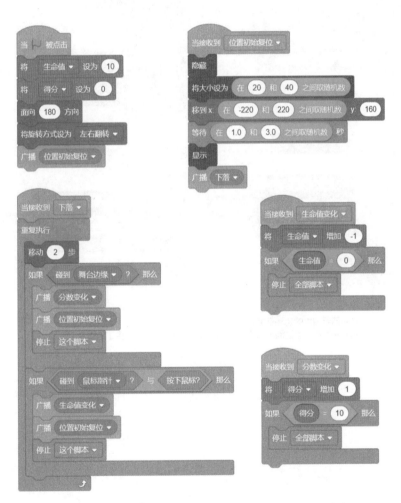

图7.10　使用消息，降低逻辑较为复杂的积木组

将积木组的整体功能拆解为多个小功能，之后合理使用消息进行优化。

注意：除了消息之外，在本书后面讲解到的"自制积木"也拥有降低作品逻辑复杂度的功能。

优化功能效果，增强复用性

对于作品中的一些通用积木组（通用功能）可以通过消息进行优化，将积木组中相同或相似的功能提取出来，大大降低积木量，增强积木组的复用性（见图7.11）。

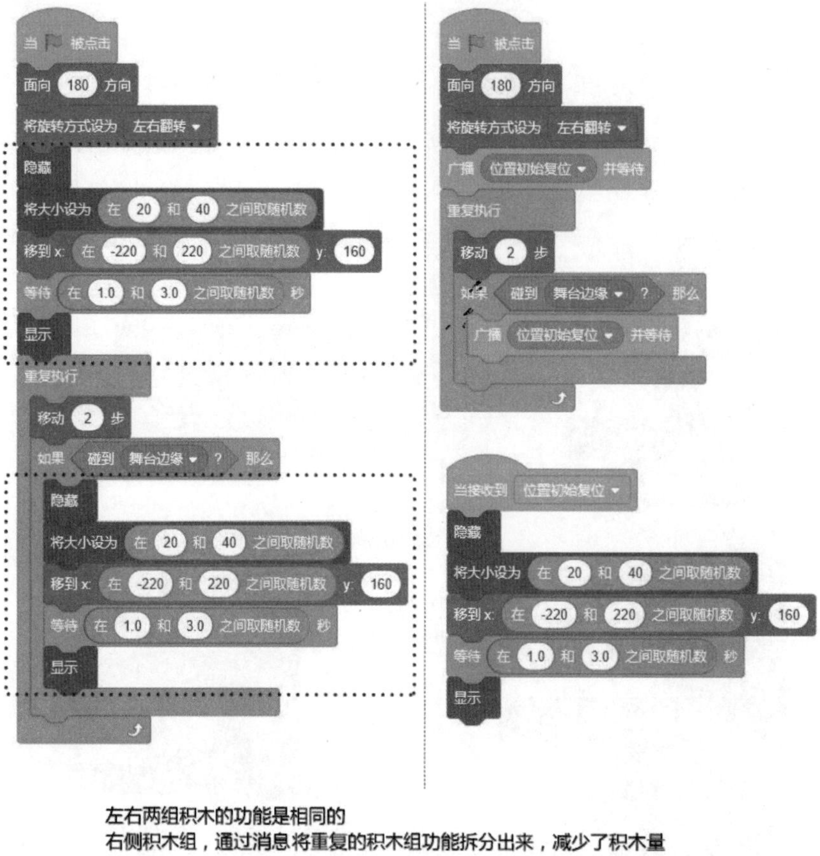
当 被点击
面向 180 方向
将旋转方式设为 左右翻转
隐藏
将大小设为 在 20 和 40 之间取随机数
移到 x: 在 -220 和 220 之间取随机数 y: 160
等待 在 1.0 和 3.0 之间取随机数 秒
显示
重复执行
移动 2 步
如果 碰到 舞台边缘 ? 那么
广播 位置初始复位 并等待
当接收到 位置初始复位
左右两组积木的功能是相同的
右侧积木组，通过消息将重复的积木组功能拆分出来，减少了积木量

图7.11　使用广播，优化积木功能，增强复用性

注意：除了消息之外，在本书后面讲解到的“自制积木”也拥有提升积木复用性和减少冗余积木的功能。

编程提示

广播消息积木和停止类积木的组合使用

广播消息积木经常会与停止类积木结合使用，在广播消息积木的前后，添加停止类积木（停止该角色的其他脚本、停止这个脚本等），能够更灵活地控制积木组的执行。

动动手——层层阻碍

❶ 作品效果图

作品效果如图7.12所示。

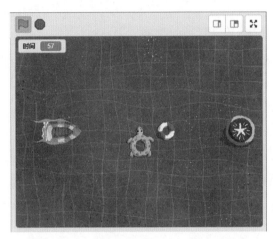

图7.12　作品效果图——层层阻碍

❷ 作品功能

小船前行的路上出现了一些障碍物，想要到达终点更困难了，你能成功吗？

● 舞台背景为水面。

● 游戏开始时，舞台上只有"开始"按钮。

　○ 单击"开始"按钮之后，小船、终点、绿龟、游泳圈四个角色显示在舞台合理位置。

　○ 单击"开始"按钮之后，游戏开始倒计时（共60秒）。

● 小船会不停地自动向左移动（后退）。

● 绿龟在舞台中部，在垂直方向上来回无休止运动。

● 游泳圈位于小船与终点之间，每隔一段时间出现一次。

● 用户使用鼠标单击终点，能够让小船向右移动（前进）。

● 小船碰到绿龟时会原地进行旋转，旋转时，小船的其他功能都不会被执行。

● 小船碰到终点时，游戏成功，碰到舞台边缘或游泳圈时，游戏失败。

● 如果倒计时时间为0秒，但小船依旧没有达到终点，则游戏失败。

● 无论游戏成功还是失败，小船都会在最后环节给游戏者一些反馈。

③ 作品步骤提示

● 本作品请基于7-2节"不畏阻碍"作品进行制作。

● 为作品添加游泳圈角色，完成角色的初始化（初始隐藏）。

● 使用外观、事件、控制模块积木，实现游泳圈在单击"开始"按钮之后显示，并且在终点前时隐时现的功能。

● 使用控制、侦测模块积木，实现小船碰到游泳圈游戏失败、游戏结束的功能。

● 添加"倒计时"变量，初始值为60秒，单击"开始"按钮，开始计时，当倒计时的值为0秒时，游戏失败、游戏结束。

● 使用控制、外观模块积木，为小船添加积木，在游戏成功或失败时，小船不再移动，给出成功或失败的反馈信息。

注意：Scratch中并没有为背景提供"说"的积木，如果希望让背景"说话"，可以将其他角色的积木复制到背景中，背景就可以说话了；在该作品中，游戏失败时的积木组可以借助消息进行简化。

7-4　作品实战——激流勇进

◼ 作品效果图（见图7.13）

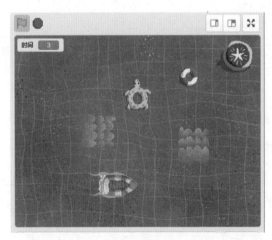

图7.13　作品效果图——激流勇进

◉ 作品功能

海域中出现了湍急的激流，如何利用好这些激流，以最快速度到达终点呢？

- 舞台背景为水面。
- 游戏开始时，舞台上只有开始按钮，单击"开始"按钮之后，小船、终点、绿龟、游泳圈和激流等角色显示在舞台合理位置。
- 计时功能调整为正计时，记录游戏者的游戏时长。
- 几种不同角色拥有以下各自的功能：
  - 小船初始位于舞台的左下方，用户通过上、下、左、右方向键控制小船朝向四个方向移动，小船不停地自动向左、向下移动（后退）；
  - 终点位于舞台的右上方；
  - 绿龟在舞台中部，在垂直方向上来回无休止运动；
  - 游泳圈位于小船与终点之间，每隔一段时间出现一次；
  - 激流会在舞台上移动，碰到边缘时，回到初始位置开启新一轮的移动。
- 小船碰到不同的角色会产生以下不同的效果：
  - 碰到绿龟时，会原地旋转；
  - 碰到激流时，会朝着激流的运动方向加速运动；
  - 碰到终点时，游戏成功，小船会告知游戏者过关时间，游戏成功；
  - 碰到舞台边缘或游泳圈时，游戏失败。
- 游戏成功或失败后，舞台上出现"重来一次"的按钮，单击按钮，游戏重新开始。

◉ 作品步骤提示

- 本作品请基于7-3节"层层阻碍"作品进行制作。
- 修改小船的初始位置为舞台左下方，终点角色位于舞台右上方，改变其他角色的初始状态与位置。
- 为作品添加"激流""重来一次"角色，完成角色的初始化（在初始时均不显示）。

- 使用运动、外观、事件、控制模块积木，实现激流的以下功能：
  - □ 单击"开始"按钮，激流显示在舞台上；
  - □ 激流在舞台上不断移动，且不断地切换造型；
  - □ 当激流碰到舞台边缘时，回到初始位置开启新一轮的移动。
- 使用运动、控制模块积木，修改小船的积木，实现小船的以下功能：
  - □ 不断向下和向左自动移动；
  - □ 键盘方向键（上、下、左、右）能够控制小船朝着相应方向移动；
  - □ 碰到激流时，会朝着激流的方向加速移动。
- 使用控制、变量模块积木，修改背景的倒计时功能为正计时功能，只进行游戏时长的记录。
- 使用外观、运算、事件模块积木，实现以下游戏成功与失败的反馈信息：
  - □ 成功时，小船说出游戏时长；
  - □ 失败时，小船会鼓励游戏者；
  - □ 游戏成功或失败之后，所有角色隐藏，"重来一次"按钮显示在舞台中央；
  - □ 单击"重来一次"按钮，游戏重新开始。

注意：游戏重新开始时，时间变量归零。

学习目标

* 认识与运算相关的积木；

* 能够运用加、减、乘、除积木，实现较为复杂的嵌套运算功能；

* 能够灵活运用大于、小于、等于积木，进行数值大小的判断；

* 认识逻辑运算（与、或、非）积木，优化条件控制语句；

* 能够使用字符串，实现字符串与变量的相互连接；

* 能够根据需求，并结合自己的创意，独立完成"疯狂打地鼠"作品的制作。

8-1　算术运算与布尔值

◉ 加、减、乘、除四则运算

Scratch当中提供的运算模块，主要包括算术操作、关系操作、逻辑操作和字符串操作，此外还包括一些数学函数（数学方法），比如四舍五入、随机数、绝对值等。

算术操作包含加、减、乘、除、求余五种。Scratch中的算术运算与我们数学中的运算是相同的，加、减、乘、除几个算术操作符左右的空白区域只能输入负号、数字、小数点。对于一个小数，如果这个小数前面是0（如0.28），那么这个0可以被省略（见图8.1）。

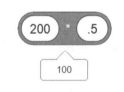

图8.1　小数点的特殊性

求余，又称为取余，指的是一个数字除以另一个数字所得到的余数。

取余只能用整数除以整数，如果除数比被除数大，除数就是余数；如果除数比被除数小，被除数就除以除数直到剩下的数比除数小，则这个数就是余数（见图8.2）。

需要注意，在Scratch当中，余数只会是0或正数。

图8.2　取余的过程

运算积木的嵌套

将一个算术积木嵌入另一个算术积木，就可以实现更为复杂的运算，这种嵌入的层数并没有任何限制。

不同的嵌入顺序对最终运算结果是有影响的，每一次嵌入就相当于是在原算术式外部增加了一对小括号。嵌入的顺序会影响计算的优先级（见图8.3）。

2019 + 1021 * 8
不同的嵌入方式，结果不同

图8.3　不同的嵌入方式，运算结果不同

特殊的NaN和Infinity

算术操作积木的值，就是这个算术操作的运算结果。

在进行数学运算时，除了正常的结果之外，还有两个比较特殊的值：Infinity、NaN，见表8.1。

Infinity表示的是无穷，–Infinity表示负无穷，NaN是英文单词Not a Number的缩写，表示"不是一个数字"。

表8.1　特殊的NaN和Infinity

算术运算	运算结果	含义
0/0	NaN	不是一个数字（Not a Number）
10/0	Infinity	任意一个正数除以0，结果均为正无穷
–10/0	– Infinity	任何一个负数除以0，结果均为负无穷

编程提示

❶ 运算模块的积木不能单独使用

运算模块的积木需要嵌入到其他积木中使用，不能单独使用。

❷ 使用除法的注意事项

使用除法对一个数进行运算时，很容易出现除不尽、出现小数的情况。在之后的学习中会讲到如何对数字进行取整。此外，在Scratch中非常特殊，0也可以作为除数，我们很不推荐这么使用。

动动手——烦人的地鼠

❶ 作品效果图

作品效果如图8.4所示。

图8.4　作品效果图——烦人的地鼠

❷ 作品功能

一只又一只的地鼠从地里冒出来，快，把它们打回去！

● 舞台背景为草地。

● 点击绿旗时，舞台上只会出现"开始"按钮。

● 单击"开始"按钮，每个地洞里都会间歇性出现地鼠（每隔一段随机的时间，地鼠出现在地洞上，在等待一段随机时间之后消失）。

● 单击地鼠，地鼠会切换为得分造型，之后消失，玩家会获得与之相对应的分数。

● 游戏时长为60秒，时间为0秒时，游戏结束。

❸ 作品步骤提示

● 本作品中的所有素材，请到我们的公众号中下载。

- 为作品添加背景，并添加开始、地鼠角色，完成初始化至合理位置。
- 为地鼠添加造型，确保前三个造型为三种不同的地鼠造型，后面三种为与之相对应的计分造型，造型1和造型4相对应，造型2和造型5相对应，造型3与造型6相对应。
- 使用外观、事件模块积木，实现地鼠角色初始不显示，在单击"开始"按钮之后才出现的功能。
- 使用外观、事件、控制、运算模块积木，实现地鼠在舞台上间歇性出现的功能。
  - 在随机时间之后出现在地洞上，等待随机时间之后消失；
  - 地鼠出现时为随机的不计分造型（造型1~造型3）；
  - 地鼠被单击后，切换为对应计分造型，等待短暂的时间之后，从舞台上消失。
- 添加"分数"变量，初始值为0分。
- 使用外观、控制、运算模块积木，实现计分功能。当地鼠切换为对应的计分造型之后，根据具体造型，对分数进行不同的操作（判断条件为 造型编号 = …）。
- 添加"倒计时"变量，初始值为60。
- 运用事件、控制、变量模块积木，实现倒计时功能，当倒计时变量值为0秒时，游戏结束。
- 复制地鼠，直至角色区有9只地鼠为止，合理修改每只地鼠的初始位置（一个地洞对应一只地鼠）。

注意：如果在作品运行时，不停地点击地鼠，地鼠的造型和计分功能都会发生一定问题。尝试着思考该问题的产生原因并解决它，在8-2中会告诉你解决办法。

8-2 逻辑运算与关系运算

◾ 布尔值

在Scratch中，六边形积木充当语句中的判断表达式，判断表达式有成立、不成立两种情况，这两种情况分别对应true和false（见图8.5）。

■　判断表达式成立时，值为true；

■　判断表达式不成立时，值为false。

true和false用于表示真和假，是一种特殊的数据类型，被称为布尔值。

需要注意的是，布尔值类型的数据只有true和false这两种值。

图8.5　各种各样的六边形（条件类）积木，运行结果为true或false

🔘　与或非逻辑操作符

常见的逻辑操作符包括与、或、非（XXX不成立）三种，逻辑操作符的运算结果为布尔值（true或false），见图8.6和图8.7。

■　与：前后的两个值/表达式均为真时才为真（true）。

■　或：前后的两个值/表达式中任意一个为真即为真（true）。

■　非（XXX不成立）：如果当前表达式成立返回假（false），如果当前表达式不成立则返回真（true）。

与		式子B	
		成立（真）	不成立（假）
式子A	成立（真）	真	假
	不成立（假）	假	假

或		式子B	
		成立（真）	不成立（假）
式子A	成立（真）	真	真
	不成立（假）	真	假

图8.6　逻辑运算与、逻辑运算或

数值变量大于50 不成立
等价于，数值变量 不大于 50
即 数值变量 小于或等于 50

图8.7　逻辑运算非　XXX不成立积木

在Scratch作品中，如果积木功能的执行需要满足多个条件，可以使用控制类积木嵌套的方式来实现（"如果……那么……"积木中嵌套"如果……那么……"积木），也可以采用逻辑操作符来实现（见图8.8）。

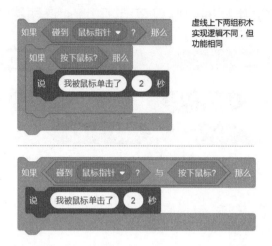

图8.8　逻辑运算与和"如果……那么……"积木嵌套的对比

关系操作符

常见的关系操作符包括 >（大于）、<（小于）、=（等于）三种（见图8.9）。

关系操作符左右可以是数值，也可以是字符，还可以是一组积木。

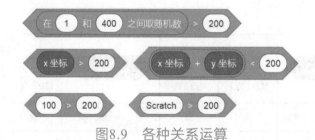

图8.9　各种关系运算

关系操作符运算的结果是一个布尔值（true或false）。关系操作会比较多地用于"如果……那么……"积木中，充当其中的判断表达式（见图8.10）。

图8.10　关系操作嵌入在"如果……那么……"积木中

编程提示

判断大于或等于的实现方式

判断数值是否大于或等于0，有多种方法，可以用"与"积木将该数值大于0和该数值等于0的两种六边形积木连接在一起进行判断，还可以直接判断该数值小于0不成立。

动动手——时间奖励

① 作品效果图

作品效果如图8.11所示。

图8.11 作品效果图——时间奖励

② 作品功能

击打地鼠能够获得分数，当分数满足某种条件时可以获得时间奖励。

● 舞台背景为草地。

● 点击绿旗时，舞台上只会出现"开始"按钮。

● 单击"开始"按钮，每个地洞里都会间歇性出现地鼠（地鼠在随机时间之后出现在地洞上，等待随机时间之后消失）。

● 单击地鼠，地鼠会切换为得分造型，之后消失，玩家会获得与之相对应的分数。

● 游戏初始时长为60秒，时间为0秒时，游戏结束。

- 在玩家获得分数时，进行分数的判断，如果分数能被9整除，则时间增加5；如果分数小于0，游戏失败，游戏结束。

❸ 作品步骤提示

- 本作品请基于8-1节"烦人的地鼠"作品进行制作。

- 使用外观、控制、运算模块积木，针对地鼠的功能进行优化，只有地鼠造型为初始造型时，单击地鼠才能够切换造型并记分。

- 使用控制、运算、变量模块积木，针对地鼠的功能进行优化，实现只有分数大于或等于0分时，单击地鼠才会切换造型并记分的功能。

- 使用控制、运算、变量模块积木，针对地鼠的功能进行优化，实现在计分后进行分数判断，如果当前的分数能被9整除，则倒计时数值加5。

- 使用事件、控制、运算、变量模块积木，实现游戏结束的判断，当分数小于0分时，游戏结束。

注意：分数变化的功能，可以在每个地鼠中进行积木的搭建，也可以广播分数变化的消息，在背景中接收消息，之后进行判断和处理。我们更推荐后面的方法，这种方法能够让积木变得简单，便于后期的修改和维护。

8-3 字符串

◉ 字符的概念

在Scratch编程语言中，有三种最为常见的，也是最为基础的数据类型，分别是数字、字符串和布尔值。

每一个数字、字母、下画线都可以看作一个字符，而字符串是众多字符的集合。

Scratch中提供了与字符串相关的一些积木，这让我们能够更好地处理文字，为作品增色添彩。

◉ 字符串的操作

与字符串相关的积木包括字符串的连接、查找、计算字符串长度、检测字符串内容等（见图8.12）。

那么这些积木能够帮我们做什么呢？

图8.12　字符串相关操作

- 检测一个数字的位数，检测一段文字的长度；
- 获取字符串当中的具体某个字符的内容；
- 将多个字符串连接到一起；
- 明确在一个字符串中是否包含某个字符，根据具体情况实现不同的功能。

◉　字符串与变量的连接

字符串的连接除了能够将字符串和字符串连接到一起之外，还可以将"固定信息"的字符串与"用户回答""变量"连接起来，这种连接方式能够给用户提供更好的体验和效果，实现更完整的信息呈现（见图8.13）。

图8.13　字符串与变量的连接

例如，角色询问用户的昵称，当用户输入昵称之后，角色会向用户问好："XXX（昵称名），你好！很高兴跟你一同学习Scratch编程"。

编程提示

字符串积木的重要性

在大部分情况下，并不会单独使用字符串积木实现某种功能。字符串相关的积木往往"藏"在作品积木组中的一些不明显的地方，但是，它们的作用是不可替代的，它们能够把作品做得更加完善，为用户提供更好的体验效果。

动动手——愈战愈勇

❶ 作品效果图

作品效果如图8.14所示。

图8.14　作品效果图——愈战愈勇

❷ 作品功能

记录游戏者以及游戏最高分

● 舞台背景为草地。

● 游戏开始时，舞台上只会出现"开始"按钮。

- 单击"开始"按钮，需要输入用户名才能开始游戏。

- 游戏开始后，每个地洞都会间歇性出现地鼠（每隔一段随机的时间，地鼠出现在地洞上，在等待一段随机时间之后消失）。

- 单击地鼠，地鼠会切换为得分造型，之后消失，玩家会获得与之相对应的分数。

- 在玩家获得分数时，进行分数的判断，如果分数能被9整除，则时间增加5秒；如果分数小于0，游戏失败，游戏结束。

- 游戏结束时，利利出现在舞台上，进行最高分的判定，若这次的分数最高，则记录本次的用户名及分数；若这次的分数不是最高分，则会告知游戏者最高分保持者及其分数。

❸ 作品步骤提示

- 本作品请基于8-2节"时间奖励"作品进行制作。

- 添加"用户名""游戏最高记录""游戏最高记录保持者"三个变量，设置"用户名"的初始值为0，其余两个变量不进行初始化。

- 使用侦测、变量模块积木，实现单击"开始"按钮时询问并录入用户名的功能：

  ◦ "开始"按钮询问用户名，并将回答设为用户名变量的值；

  ◦ 在用户给出用户名之前，会一直询问；

  ◦ 当用户给出用户名之后，才会进入游戏阶段。

- 为作品添加利利角色，初始时为隐藏状态，游戏结束时出现在舞台上。

- 使用事件、控制、运算、变量模块积木，实现以下功能：

  ◦ 如果分数大于最高分，则更新游戏最高纪录的信息，将当前用户名设置为游戏最高纪录保持者，当前分数设置为游戏最高纪录。利利会恭喜游戏者，成功刷新最高分纪录，并告知游戏者当前的得分；

  ◦ 如果分数小于或等于最高分，游戏纪录没有被刷新，利利会告诉游戏者，最高分纪录保持者的用户名和对应分值。

8-4　作品实战——疯狂打地鼠

● **作品效果图**（见图8.15）

图8.15　作品效果图——疯狂打地鼠

● **作品功能**

打地鼠时，需要朝着目标分数进发。

■　舞台背景为草地。

■　游戏开始时，舞台上只会出现"开始"按钮。

■　单击"开始"按钮，利利出现，进行游戏规则的介绍，并给出本次游戏时要达到的目标分值。

■　利利给出目标分值之后，从舞台上隐藏，进入正式游戏环节。

■　在游戏环节当中，每个地洞都会间歇性出现地鼠（每隔一段随机的时间，地鼠出现在地洞上，在等待一段随机时间之后消失）。

■　单击地鼠，地鼠会切换为得分造型，之后消失，玩家会获得与之相对应的分数。

- 在玩家获得分数时，进行分数的判断，如果当前分数达到目标分值时，游戏成功。
- 如果击打次数大于20次时，游戏失败，游戏结束。
- 游戏环节并没有时间限制、得分功能。
- 游戏成功时，利利出现，并告知游戏者达到目标分值的单击次数。
- 游戏失败时，利利出现，并告知游戏者"游戏失败"。

◉ 作品步骤提示

- 本作品请基于8-2节"时间奖励"作品进行制作，删除与计时、得分相关的积木。
- 添加"击打次数""目标分值"两个变量，设置"击打次数"的初始值为0，"目标分值"的初始值为-100~100的随机整数。
- 修改"分数"变量，将变量名修改为"当前得分"，该变量只是用于记录当前得分，并不会影响游戏运行。
- 针对击打次数变量，实现以下功能：
  - 单击地鼠后，击打次数加1；
  - 每次击打次数发生变化之后，对击打次数进行判断，如果击打次数大于20次，游戏失败；
  - 每次击打次数发生变化之后，当前得分进行判断，如果当前得分等于目标分值，游戏成功。
- 为作品添加利利角色，实现以下功能：
  - 初始化为隐藏状态；
  - 按下"开始"按钮后，出现在舞台上，介绍游戏规则，给出目标分值，之后隐藏；
  - 游戏失败时，利利会出现在舞台上告知玩家"挑战失败"；
  - 游戏成功时，利利会出现在舞台上告知玩家本次游戏的单击次数。

注意：在该作品中，会使用到消息的相关知识来实现跨角色的功能控制。

第9课 旋风碰碰车

学习目标

* 掌握Scratch软件提供的各类数学功能函数；

* 能够说出扩展功能模块的作用，并掌握扩展功能模块的引入方法；

* 掌握画笔模块各个积木的使用方法；

* 能够根据需求，并结合自己的创意，独立完成"旋风碰碰车"作品的制作。

9-1　数学函数

■ 三种不同的取整方式

数学中有三种不同的取整方式，分别是"四舍五入""向上取整"和"向下取整"。针对同一个小数，使用不同的取整方式，可以获得不同的结果（见图9.1）。

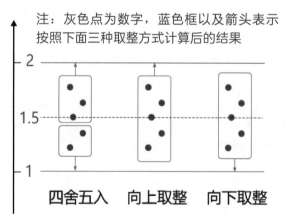

注：灰色点为数字，蓝色框以及箭头表示按照下面三种取整方式计算后的结果

四舍五入　　向上取整　　向下取整

如果值为负数，也可以使用该图解辅助理解，需要注意的是，值为负数时，较大的值在上面较小的值在下面，如-1和-2，-2应当位于当前数字1所在位置，-1位于当前数字2所在位置

图9.1　三种不同取整方式

如何理解这三种取整方法呢？我们可以将众多数字看作一栋高楼大厦（纵向数轴），每个整数就是每层楼的地板（也是前一层楼的天花板），天花板和地板之间存放的就是这两个整数之间的各种小数。

- 向上取整：楼层之间的所有小数，都看作是这层楼的天花板。
- 向下取整：楼层之间的所有小数，都看作是这层楼的地板。
- 四舍五入：以楼层中间为界限，界限以及界限以上看作是这层楼的天花板，界限以下看作是这层楼的地板。

◉ 用三角函数实现变速运动

数学三角函数中，sin用于获取角度的正弦值，asin用于获取反正弦值（见图9.2）。根据sin的示例图，可以发现，当x=0时，y=0；当x= π/2时，y=1。

cos用于获取余弦值，acos用于获取反余弦值。根据cos的示例图，可以发现，当x=0时，y=1；当x= π/2时，y=0。

sin与asin两者是相反的，也就是说：sin(x值) = y值，asin(y值) = x值。

cos与acos两者也是相反的，cos(x值) = y值，acos(y值) = x值。

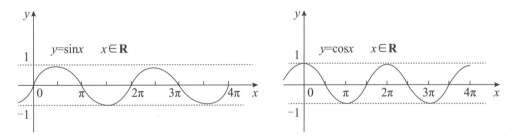

图9.2　三角函数sin和cos

编程中，sin与cos经常被应用在数学计算和优化运动效果中。

计算距离：sin(x) = 对边/斜边，cos(x) = 邻边/斜边，通过这些公式，能够解决一些数学上的计算问题。

运动效果：根据sin(x) 与cos(x) 的值会在[-1，1]区间不断变化，配合重复执行，可以实现角色沿圆弧进行特殊运动（见图9.3）。

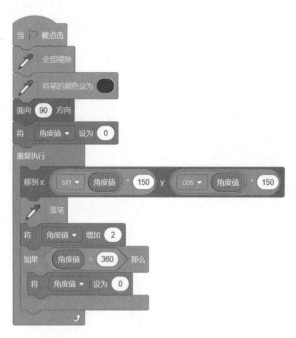

图9.3　使用三角函数实现曲线运动

◉ 其他数学函数

除了之前讲解过的随机数，如上讲解的几种取整方式、正弦和余弦三角函数之外，Scratch还提供了一些其他的数学函数，包括"绝对值""平方根""10的n次方""log""正切（tan）"等（见表9.1）。

这些数学函数使用较少，在Scratch作品中往往用于优化积木的功能，或者进行数学上的细微处理。

表9.1　各种各样的数学函数

数学函数	数学函数含义	范例
绝对值	获取相应数字的绝对值	-3 的绝对值为 3
平方根	计算数字开方的结果	4的平方根是2（2*2=4），9的平方根为3（3*3=9）
sin	三角函数正弦函数，后面书写角度度数。在直角三角形中，某个度数的正弦值等于"对边与斜边的比"，计算结果的范围为[-1，1]	sin30° = 0.5
cos	三角函数余弦函数，后面书写角度度数。在直角三角形中，某个度数的余弦值等于"邻边与斜边的比"，计算结果的范围为[-1，1]	cos60° = 0.5
tan	三角函数正切函数，后面书写角度度数。在直角三角形中，某个度数的正切值等于"对边与邻边的比"	tan45° = 1

续表

数学函数	数学函数含义	范例
asin	表示数学中的反正弦函数（arcsin），取值范围为[-1，1]，计算结果为一个度数，计算结果的范围为[-π/2，π/2]，是sin的逆向运算	asin0.5 = 30°
acos	表示数学中的反余弦函数（arccos），取值范围为[-1，1]，计算结果为一个度数，计算结果的范围为[0，π]，是cos的逆向运算	acos0.5 = 60°
atan	表示数学中的反正切函数（arctan），计算结果为一个度数，计算结果的范围为[-π/2，π/2]，是tan的逆向运算	atan1 = 45°
ln	求以e为底的对数，是e^的反向运算	ln7.39 ≈ 2
log	求以10为底的对数，是10^的反向运算	log1000 = 3
e^	求e的某次方（幂），具体的数字即为次方数，e约等于2.718	$e^2 \approx 7.39$
10^	求10的某次方（幂），具体的数字即为次方数	$10^3 = 1000$

编程提示

实践出真知

数学函数看起来有些复杂，可以根据表格中的提示信息，尝试搭建一些积木组，进一步了解、探索这些函数的使用方法，也可以使用运算模块的各个积木，解决一些实际的数学问题（如计算闰年、求解一元二次方程等）。

动动手——碰碰车

❶ 作品效果图

作品效果如图9.4所示。

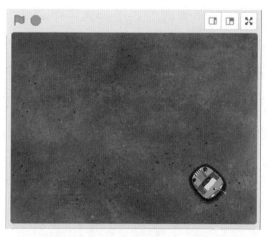

图9.4　作品效果图——碰碰车

❷ 作品功能

碰碰车在场地当中，不停地进行旋转。

- 舞台背景为碰碰车的游戏场地。

- 碰碰车会不断在舞台上转圈。

- 碰碰车转圈的同时，会以圆形轨迹在舞台上移动。

❸ 作品步骤提示

- 本作品中的所有素材，请到我们的公众号中下载。

- 为作品添加背景，并添加碰碰车角色，完成角色的初始化，在绿旗被单击后，不断切换造型。

- 添加"变化数值"变量，初始值为0，变量值不断增加，当数值增加至360时将数值重新设置为0，再从0增加至360，不断重复这个操作。

- 使用运动、控制、运算、变量积木模块，实现碰碰车的以下功能：

  ◌ 碰碰车自身不断地进行旋转；

  ◌ 碰碰车在舞台上的运动为弧线运动（圆弧），不停地移至x：cos（变化数值*100），y：sin（变化数值*100）位置。

9-2　扩展模块

◉ 扩展模块的作用

Scratch软件中，包含"运动"到"自制积木"的9种模块的积木。这9种模块是作品中最为常用的，也是软件默认的功能模块，它们能够为作品添加各种各样的功能。

除此之外，Scratch软件还拥有着其他的功能，如制作音乐、绘制图像、进行语音识别等，甚至还能够与硬件相结合，让用户通过Scratch的积木操作硬件设备。这些模块使用频率较低，所以作为扩展模块而存在，Scratch作品的开发者可以根据作品需要添加相应的模块。

扩展模块能够让Scratch的功能变得更强大，合理地使用它们能够让作品变得更有趣。

◙ 扩展模块的引入方法

单击模块底部的"扩展"图标,进入到"选择扩展"页面当中。

不同的扩展模块拥有不同的功能,系统中提供了"音乐""画笔""视频侦测"等扩展模块,不同Scratch平台的开发者还提供了其他扩展模块。可以仔细查看每种扩展模块的介绍信息,根据自身需要选择相应的模块。

选择扩展模块之后,该模块中的各种积木会被添加到作品中(见图9.5)。

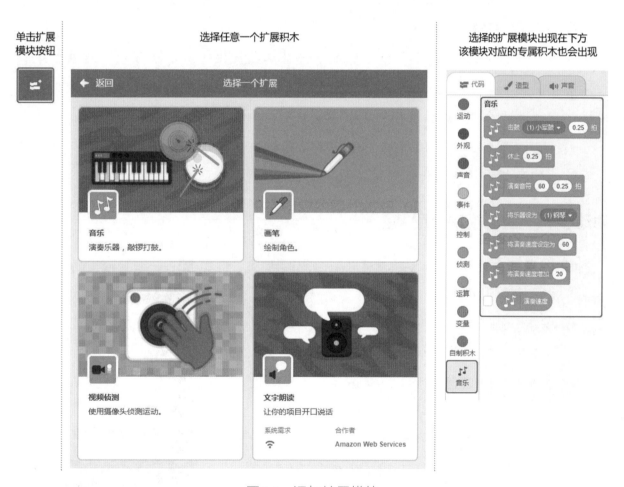

图9.5 添加扩展模块

◙ 画笔模块与应用

Scratch 3.0中的画笔模块是一个经典的"扩展模块",需要单击屏幕左下方的"添加扩展"按钮,将其添加到作品中。

可以将舞台区域看作一个画布，使用画笔模块中的9种积木，实现图画的绘制。

在一些案例中，可以借助画笔模块，实现一些路径的绘制（如角色的行走路线）。

编程提示

❶ 特殊的扩展模块

在使用扩展模块时，有些扩展模块被点击后会弹出正在检索设备的窗口，这种状态表示你所选择的这个扩展模块需要配备额外的硬件或开启一些服务才能使用。

❷ 不同平台的扩展模块不同

众多的在线Scratch软件平台中，每个平台都会提供一些扩展模块，这些扩展模块里有些是通用扩展模块，有些是专属于这个软件平台的扩展模块。所谓专属扩展模块，指的是平台A中的扩展模块，在平台B（或其他平台）中无法使用。

因此，如果在作品中使用到某种特殊扩展模块，建议在当前这个平台中继续进行后续的作品制作、展示和修改，不要随意切换平台。

动动手——画笔模块介绍

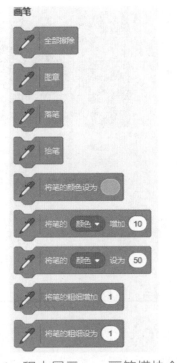

图9.6 积木展示——画笔模块介绍

❶ 积木展示

积木展示如图9.6所示。

❷ 积木介绍

画笔模块的积木功能如下。

- 全部擦除：清除舞台上所有画笔积木留下的痕迹。
- 图章：将当前角色印在舞台上。
- 落笔：将"笔"落下，此时的角色开始在舞台上进行绘制。
- 抬笔：将"笔"抬起，此时的角色结束在舞台上的绘制。
- 将笔的颜色增加10：增加或减少画笔的颜色、饱和度、亮度、透明度等属性的值。

- 将笔的颜色设为50：直接设定画笔的颜色、饱和度、亮度、透明度等属性的值。
- 将笔的粗细增加1：增大或减小画笔的粗细度。
- 将笔的粗细设为1：直接设定画笔的粗细度。

9-3 画笔模块

绘画的过程

在绘画之前往往需要先清除画布，将当前画布中已经绘制的内容擦除掉。

在绘制图像时，只有"落笔"后才能进行具体绘制，而"抬笔"则意味着停止绘制。通过"落笔 —移动位置（可多次）—抬笔"来实现线条的绘制（见图9.7）。

图9.7 画笔绘制流程

此外，在绘制过程中的任意位置，可以根据具体需求设置画笔的颜色以及粗细（见图9.8）。

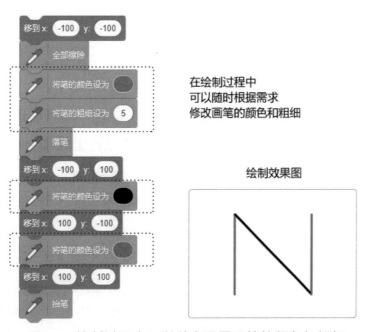

图9.8 绘制过程中可以随意设置画笔的颜色与粗细

与控制模块相结合的画笔

对于有规律的一些图形绘制，可以合理地使用控制类模块、配合画笔来实现（见图9.9和图9.10）。

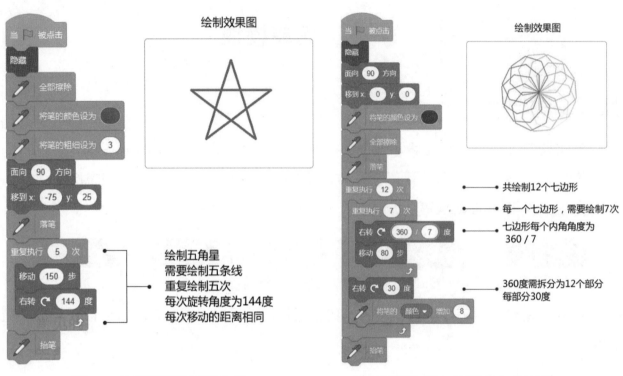

图9.9　使用画笔绘制五角星　　　　　　　　　图9.10　绘制多个多边形

图章

图章积木的主要作用是将当前角色的状态印在画面上，就如同是根据角色当前状态刻制了一个印章，之后用这个印章，在角色当前所在位置上盖了一个章（当前状态，指的是印章积木被执行时角色的状态），其应用如图9.11所示。

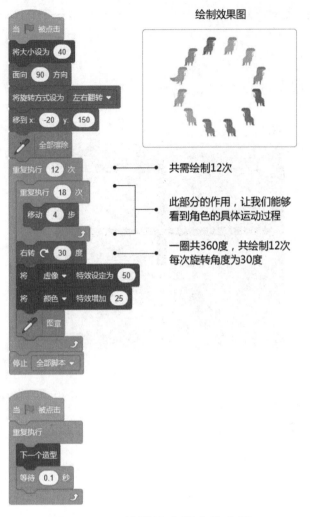

绘制效果图

共需绘制12次

此部分的作用，让我们能够
看到角色的具体运动过程

一圈共360度，共绘制12次
每次旋转角度为30度

图9.11　画笔模块中图章的应用

编程提示

❶ 角色隐藏时，也能进行绘制

绘制的过程与角色的显示状态无关。当角色被隐藏时，绘制依旧能够正常进行。

❷ 落笔和抬笔

当使用画笔模块进行图形绘制时，落笔之后一定要有抬笔。如果没有添加"抬笔"积木，在下一次作品执行时，角色初始就是落笔状态，这会导致作品功能出现一定的问题。

动动手——小油车

❶ 作品效果图

作品效果如图9.12所示。

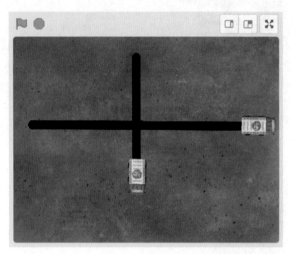

图9.12　作品效果图——小油车

❷ 作品功能

舞台上出现了两辆小油车，不断地铺上油漆路面。

● 舞台背景为碰碰车的游戏场地。

● 舞台上有两辆小油车：

　　⊙ 一辆小油车，从舞台左侧边缘的随机位置出现，不断向右移动，碰到右侧边缘时，小油车回到舞台左侧边缘随机位置，开启新一轮的移动；

　　⊙ 一辆小油车，从舞台顶部边缘的随机位置出现，不断向舞台底部移动，碰到底部边缘时，小油车回到舞台顶部随机位置，开启新一轮的移动。

● 每辆小油车在移动时都会在车后留下一道黑色轨迹。

❸ 作品步骤提示

● 本作品中的所有素材，请到我们的公众号中下载。

● 为作品添加背景，并添加小油车角色，完成角色的初始化，在绿旗被单击后，不断切换造型。

● 使用外观、事件、运动、控制、运算积木模块，实现小油车的以下功能：

- 当绿旗被点击之后，小油车才会显示在舞台上；
- 小油车最初显示在舞台左侧边缘的随机位置，之后不断向右移动；
- 当小油车碰到舞台右侧边缘时消失，回到舞台左侧边缘随机位置，在一段时间之后再显示出来，开启新一轮的移动。
- 添加画笔扩展模块，使用画笔积木模块绘制小油车的运动轨迹。
- 添加另一辆小油车，实现类似功能（运动由上而下，其他功能与第一辆小油车相同）。

9-4 作品实战——旋风碰碰车

◉ **作品效果图**（见图9.13）

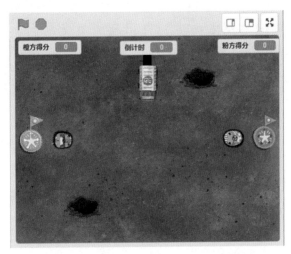

图9.13 作品效果图——旋风碰碰车

◉ **作品功能**

碰碰车与碰碰车之间的对决，究竟鹿死谁手？这是一个对战游戏，制作好之后，你可以和小伙伴一起玩耍。

- 舞台背景为碰碰车的游戏场地。
- 游戏开始时，舞台上只有"开始"按钮，单击"开始"按钮之后，双方碰碰车、双方的得分目标、小油车、陷阱等角色显示在舞台合理位置。

■ 用户使用WASD键控制橙色碰碰车移动，使用上下左右方向键控制粉色碰碰车移动。

■ 碰碰车会自动进行圆弧运动（即9-1"碰碰车"作品中的功能）。

■ 小油车会在地面上铺洒黑色的沥青。

■ 碰碰车碰到不同角色拥有不同的功能：

   □ 两个碰碰车互相相撞时，会朝着对应方向飞出一段距离（橙色朝向左侧方向，粉色朝向右侧方向）；

   □ 碰碰车碰到自己的得分目标时（粉色碰碰车碰到粉色得分目标；橙色碰碰车碰到橙色得分目标），对应碰碰车的分数加一，同时双方回到初始位置，继续游戏；

   □ 碰碰车碰到陷阱时，会马上移动到舞台中央固定范围内的随机位置；

   □ 碰碰车碰到黑色的沥青时，会朝向指定方向飞出一段距离（橙色朝向左侧方向，粉色朝向右侧方向），飞出期间不受控制。

■ 游戏时长为60秒（也可根据自己的需求调整游戏时长），游戏开始之后进行倒计时，当时间为0秒时，利利出现，根据得分结果，宣布本场游戏的胜利者。

◼ 作品步骤提示

■ 本作品中的所有素材，请到我们的公众号中下载。

■ 为作品添加背景，并添加橙色碰碰车、粉色碰碰车、橙色得分目标、粉色得分目标、小油车、陷阱角色，初始化至合理位置。

■ 添加"橙车得分""粉车得分"两个变量，初始值均设置为0。

■ 使用运动、事件、控制、画笔模块积木，实现小油车不断从上往下随机洒沥青的功能。

■ 使用运动、控制、运算、侦测、变量积木模块，实现碰碰车的如下功能：

   □ 使用WASD键控制橙色碰碰车移动，方向键控制粉色碰碰车移动；

   □ 设置变量，作为橙车和粉车对应的圆心坐标位置；

   □ 碰碰车在舞台上的运动为圆弧运动，不停地移动到指定位置，X值 = x坐标+

cos（变化数值*50），Y值＝y坐标＋sin（变化数值*50）；

□ 碰碰车碰到对应得分目标时，分数加1，并且双方碰碰车都会回到初始位置；

□ 碰碰车相撞时，朝对应方向飞出一段距离；

□ 碰碰车碰到陷阱后，出现在舞台中央固定范围内的随机位置处；

□ 碰碰车碰到沥青时，朝对应方向飞出一段距离。

■ 为作品添加开始按钮角色，单击开始按钮之后，广播"开始游戏"消息，其余角色在接收到此消息之后，开始执行游戏功能。

■ 添加倒计时变量，初始值为60秒，倒计时结束时，游戏结束。

■ 为作品添加利利角色，初始时不显示，在游戏结束时出现，宣布游戏胜利者。

第4单元
Scratch提升

* * * * * *

　　制作一个作品不难，难的是制作一个好作品，我们需要考虑作品中积木的复用性、作品的运行速度（性能）、作品的体验感等问题，找寻更好的方法实现作品功能。

　　本单元共3课，详细讲解了Scratch中的列表、自制积木模块、克隆等内容，并对Scratch中较为常见的编程术语进行了介绍。

　　本单元中涉及的积木，理解难度和逻辑复杂度并不高，其难点在于如何借助这些积木让一个作品变得简单并能复用。

　　通过本单元的学习，能够使用这些知识优化作品，降低作品的积木复杂度；使用列表合理地存储数据，以便于后续的相关操作；使用克隆代替大量复制角色，提升作品运行效率；将相同或相似积木提取为自制积木，提升积木组的复用性和积木搭建编写的效率。

* * * * * *

第 **10** 课 野餐之旅

学习目标

* 认识列表，能够说出变量和列表的区别；

* 能实现列表的创建、删除、重命名等操作；

* 能够使用积木，添加、删除、修改列表中的内容；

* 能够使用积木，检测列表中是否包含某项内容；

* 能够使用积木，检测列表的项目数量；

* 能够判断不同列表的内容是否相同；

* 能够根据需求，独立完成"回家之路"作品的制作。

10-1 列表

◉ 列表与列表项目

在变量模块中，可以创建变量或者列表。在本书前面的单元中，我们讲过，变量就如同一个盒子，能够存储需要的一个值。如果希望存储多个值，则拥有以下两种不同的实现方法。

- 创建多个变量，分别进行值的存储。这种方法需要创建很多变量，相对较为繁杂。

- 使用列表统一存储。列表能够存储多个值，可以将列表看作有序的多个值的集合，构成列表的每一个值被称为一个"列表项目"。

◉ 生活中的列表

在生活当中，有很多实际的事物可以理解为列表（见表10.1）。这些事物需要具备两种特点：是一个集合、有序。

图10.1 辨别列表——生活中的三种事物

- 调味盒：是四个小盒子的集合，每个盒子可以放置物品，且四个盒子有顺序，可以看作一个列表。

- 大米：是多粒大米的集合，但是并没有顺序，不能看作一个列表。

- 排队的人群：队伍是多个人的集合，且人的排列有顺序，可以看作一个列表。

◙ 列表的特点

所有的列表具有一些共同的特点和功能。

- 列表具有长度；

- 可以向列表中添加列表项目；

- 可以修改或删除列表中的某个列表项目；

- 能够通过一些方法在列表中查找具体的列表项目；

- 能够检测列表中是否存在某项目，以及该项目在列表中的位置。

编程提示

列表需要其他积木的组合使用

如果只使用列表，可以完成一个Scratch作品的制作，但是该作品会显得十分无趣，没有交互，只是看着列表中的项目发生着一些变化（添加、删除或更改）。

更多的情况下，列表需要和其他积木相搭配，让作品的功能变得更加丰富。

10-2 列表的基本操作

◉ 列表的创建、删除与重命名

1.定义列表（创建列表）

在变量模块中找到"建立一个列表"，单击之后，在弹出的窗口中输入列表的名称，并选择该列表可以应用的范围（见图10.2）。

图10.2 创建列表

- 列表名称：可以由中文、字母、数字、符号组成，需要注意的是，同样名称的列表不能重复创建，此外，不要让列表名和Scratch软件自带的一些名称重复，不然会很容易将它们混淆。
- 列表应用范围：与此前讲解的变量相同，在此不再重复讲解，需要注意的是，当列表被创建后，列表的应用范围不可再被修改。
- 当列表被定义后，内容为空，长度为0。
- 在最初被创建时，列表是显示在舞台上的，可以通过勾选列表名或者使用列表相关积木实现列表的隐藏或显示（见图10.3）。

图10.3 两种不同的隐藏、显示列表方法

2.列表的删除与重命名

列表的删除与重命名方法有两种（见图10.4）。

■ 切换到变量模块，在列表名积木上单击鼠标右键，在弹出的快捷菜单中，选择相应的选项；

■ 在任意一个有"下拉三角"的列表积木上单击下拉按钮，在下拉菜单中选择相应的选项。

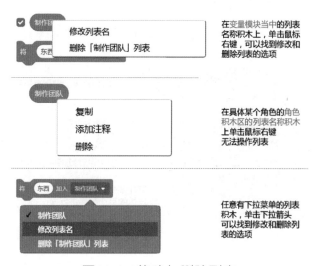

图10.4　修改与删除列表

添加与删除列表项

在创建列表之后，列表内容为空，需要向列表中添加具体的内容，这些具体的内容被称为列表项（或列表项目），在一个列表中可以添加多个列表项。列表项的添加、修改与删除，可以直接在列表中进行，但是往往不这么做，更多的是通过积木来实现（见图10.5）。

在列表类积木中，添加列表项的方法有两种（见图10.6），一种是在列表的最后添加列表项，另一种是在指定位置添加列表项。

■ 使用"将'东西'加入列表"积木：能够向列表当中加入列表项，新的列表项目会被添加到列表的最后。

■ 使用"在列表的第1项前插入1"积木：能够自由添加列表项，指定列表项的添加位置。

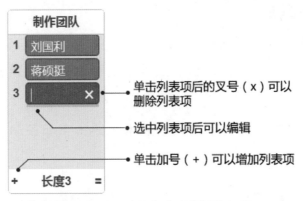

单击列表项后的叉号（x）可以
删除列表项

选中列表项后可以编辑

单击加号（+）可以增加列表项

图10.5　手动添加与删除列表项

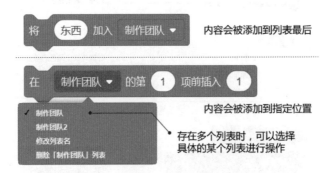

内容会被添加到列表最后

内容会被添加到指定位置

存在多个列表时，可以选择
具体的某个列表进行操作

图10.6　使用积木添加列表项

删除列表项也有两种方法，一种是删除列表中的全部列表项，可以简单地理解为清空列表；另一种是删除列表中的指定列表项（见图10.7）。

删除某个列表中的
所有项目
即：清空列表

删除某个列表中的
指定列表项

图10.7　删除列表相关积木

● 修改已有列表项的内容

对于已经创建的列表项，如果希望修改列表项的内容，则可以删除这个列表项，再在相应位置添加新的列表项。但是，这种操作方法有些繁杂，也容易出现问题。

Scratch提供了一种简单快捷的操作方法，可以直接用新内容替换掉列表中指定项的内容（见图10.8）。

图10.8 替换列表中的列表项

编程提示

❶ 避免使用舞台区的列表添加或者删除列表项

在制作Scratch作品时，直接操作舞台区中的列表，的确能够实现列表项的添加或删除，但是在程序运行时无法通过这种方式操作列表项。

此外，每次作品运行时，都需要针对列表进行初始化和操作，如果每次都是人工手动添加具体的列表项，操作过程过于麻烦。

❷ 列表的import和export

import和export分别表示导入和导出。

导入，指的是将一些符合条件要求的文件（包括csv、tsv、txt等），导入到Scratch软件的列表中，如果当前列表中存在内容，这些内容会被文件中的内容覆盖掉。

导出，指的是将列表中的内容导出成一个文件，文件格式为txt（见图10.9）。

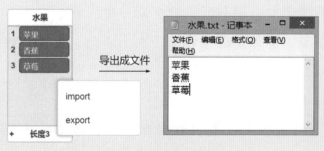

图10.9 列表的导出

动动手——打包野餐篮

① 作品效果图

作品效果如图10.10所示。

图10.10　作品效果图——打包野餐篮

② 作品功能

公主和王子要出去野餐，王子需要记录明天要带的物品。

● 舞台背景为城堡内；

● 舞台上有公主和王子；

● 公主和王子聊天，谈论野餐要准备的东西，列表中的项目会随着公主的需求发生变化。

③ 作品步骤提示

● 本作品中的所有素材，请到我们的公众号中下载。

● 为作品添加背景，并添加公主和王子两个角色，完成初始化。

● 搭建积木，实现公主和王子的对话。

● 添加列表，命名为"野餐清单"。

● 在背景处添加列表积木，根据对话需求，合理使用等待积木，添加、修改（替换）与删除指定的列表项。

10-3　列表项的操作

● 列表项的检测

在列表的相关积木中，有一个侦测类积木，用于检测在列表中是否包含某个内容。该积木可以和控制类积木（如果……那么……）相结合，根据列表内容的实际情况执行相应的功能。列表项的检测可以分为以下几种情况。

- 检测列表中是否包含某内容；
- 检测具体某个列表项的内容是什么（通过列表项序号，检测列表项内容）；
- 某个列表项内容所在的位置（通过列表项内容，检测列表项序号）。

将多个列表相关积木结合起来，还能够实现更为复杂的功能。例如，检测一个列表中是否存在这个数据，如果不存在则添加，如果存在则不进行任何操作（见图10.11）。

如果希望对某个列表项进行操作，但是仅仅知道在列表中存在这个列表项，并不清楚这个列表项的序号，则可以先获取这个列表项的序号，再针对该列表项进行替换。

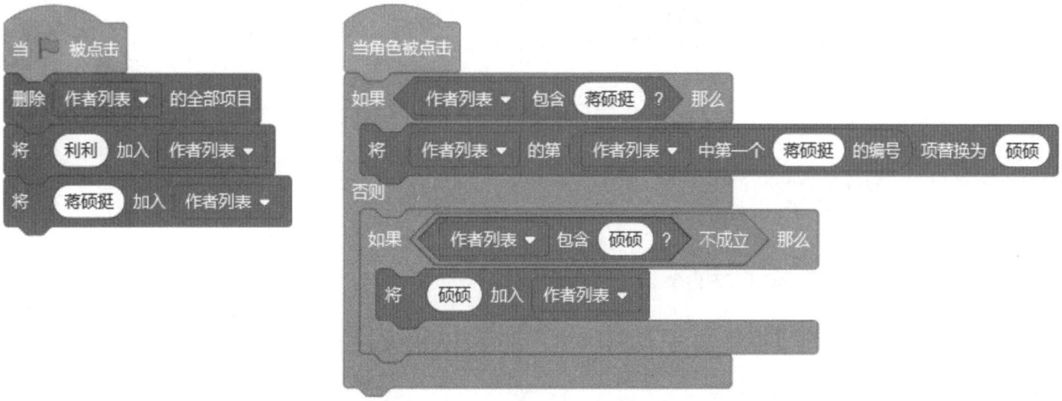

图10.11　列表项的检测与处理

● 列表的长度

在为列表添加具体项目之后，列表的长度会随之发生变化，在列表相关积木中，"列表的项目数"表示的就是当前列表的长度。列表的长度无须定义，它会随着列表项数量的变化而变化（见图10.12）。

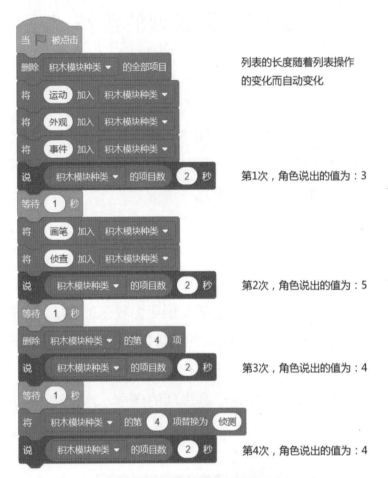

图10.12　列表长度随着列表操作而变化

■ 列表与列表的比较

列表与列表的比较，有两种不同的方式。

一种方式是比较两个列表当中，每一个列表项的内容以及所处位置是否相同，即要求列表A和列表B的每一项都是一样的。这种同时比较列表项内容和位置的方式较为简单，直接比较两个列表名的积木即可（见图10.13）。

另一种比较方式，指的是比较两个列表中列表项的内容是否相同，即列表A中有的列表项，在列表B中都可以找到，列表A中的第1项不一定和列表B的第1项相同。

这种比较方式实现逻辑较为复杂，需要综合应用控制类积木、变量以及列表的相关积木来实现。在此，了解该实现方式即可。

首先，创建两个列表，添加相应的列表项（见图10.14）。

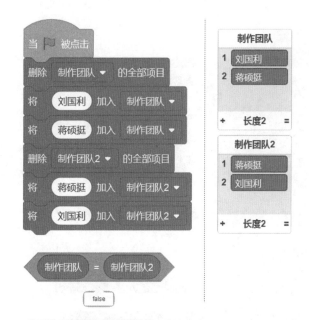

使用两个列表的列表名进行比较
两个列表所包含的名字相同，但是顺序有所不同
侦测积木的结果为false（假），也就是说，这两个列表不相等

图10.13　直接将两个列表相比较

之后，应用各类积木，针对两个列表进行比较（见图10.15）。

■　比较两个列表的项目数量，如果项目数量不等，可以确定两者并不相同。

■　检测列表B中是否包含列表A的第1项，如果有，则删除列表A的第1项，并删除列表B中符合条件的这一项。

■　多次进行以上的比较，直至所有的项目都比较完成为止（两个列表为空）。

■　在比较的过程中，一旦出现不相同的现象，直接停止脚本（停止运行），并告知"两个列表内容不相同"。

图10.14　进行列表比较——创建两个列表，并添加列表项

■　该方法的难点在于，需要先找到列表A中第1项在列表B中的编号，之后再通过编号找到列表B中第1个符合条件的列表项目。

■　该方法存在一个问题，比较之后原有的列表内容会被删除。

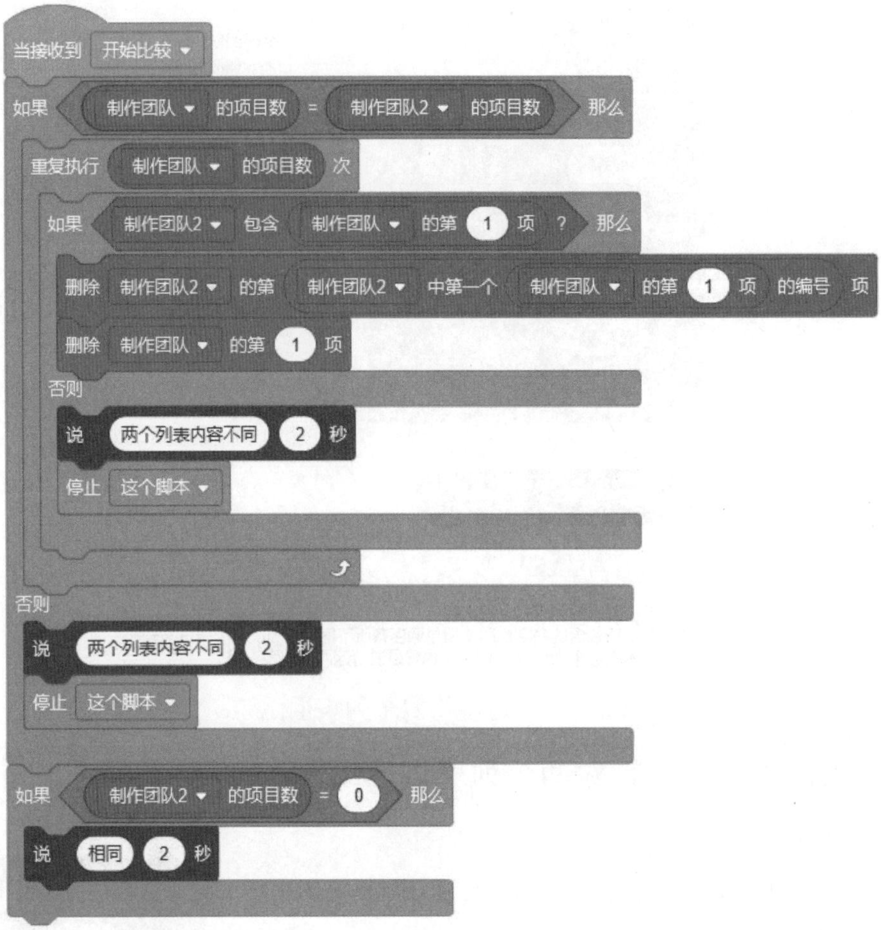

图10.15　进行列表比较——一项一项地进行比较

编程提示

❶ 无法直接通过"列表项的值"删除列表项

如果我们希望删除某个列表项，无法直接通过"列表项的值"来删除列表项，这是因为列表中有可能包含多个值相同的列表项，我们并不确定是要删除一个，还是删除所有，也无法确定到底要删除第几个符合条件的列表项。此时，需要先获取这个列表项在列表中的位置，再根据这个位置的数值删除列表项。

❷ 重复的列表项

在列表中，如果存在多个内容相同的列表项，在针对列表进行内容检测时只能找到第一个符合条件的列表项。

动动手——快乐野餐行

❶ 作品效果图

作品效果如图10.16所示。

图10.16　作品效果图——快乐野餐行

❷ 作品功能

公主和王子在野餐路上，看到了很多小动物，请将出现的小动物记忆下来，并按照它们的出现顺序点击他们，考查一下自己的记忆力吧！

- 舞台背景为森林。
- 游戏过程分为三个阶段，分别是"展示阶段""猜测阶段"和"反馈结果阶段"。
- 展示阶段：不同的小动物会随机出现在舞台上，有些小动物可能不会出现，出现的小动物位置随机。
- 展示阶段结束后，进入猜测阶段。
- 猜测阶段：所有小动物出现在舞台上，排列整齐（见图10.16）。
- 用户按照展示阶段时小动物出现的顺序，单击出现过的小动物。
- 单击"确认"按钮（对勾），进入反馈结果阶段。
- 反馈结果阶段：判断用户的单击顺序，根据判断结果给出不同的反馈。

❸ 作品步骤提示

● 本作品中的所有素材，请到我们的公众号中下载。

● 为作品添加背景，并添加各个动物角色，完成初始化（初始为隐藏状态）。

● 添加如下三个列表：

　○ 全部小动物，用于存储所有的动物名称；

　○ 出现的小动物，用于存储展示在森林当中的动物名称；

　○ 我的动物顺序，用于存储用户点击的小动物名称。

● 添加"随机选择的项目编号""出现的小动物索引"变量，将其初始值均设置为1。

● 在背景中搭建积木：使所有小动物的名称添加到"全部小动物"的列表当中。

● 在背景中搭建积木：将随机一部分小动物的名称添加到"出现的小动物"列表当中：

　○ 使用随机数积木，在每次添加小动物时进行判断，当随机数为1则将这个小动物加入"出现的小动物"列表中，如果为0则不加入（可以通过随机数的取值范围控制小动物出现的概率）；

　○ 当完成添加"出现的小动物"列表之后，广播"展示阶段"消息；

　○ 接收到"展示阶段"的消息后，根据"出现的小动物"列表项目数，多次增加"出现的小动物索引"变量数值，并广播"动物出现"消息并等待动物角色的展示；

　○ 当所有出现的小动物在舞台中展示完毕后，广播"开始答题"消息。

● 为每个动物搭建积木：当接收到"动物出现"的消息时进行判断，如果在"出现的小动物"列表的当前"出现的小动物索引"项为该动物名称，该动物会出现在随机位置，等待一段时间之后隐藏。

● 为每个动物搭建积木：当接收到"开始答题"消息后，动物们以展示阶段的造型，整齐地排列在舞台上。

● 为每个动物搭建积木：点击小动物，如果"我的动物顺序"列表中已包含该小动物，则该小动物会说"我已经被选择过了"，否则将小动物添加入"我的动物顺序"列表中。

- 添加"确定按钮"角色，当接收到"开始答题"消息后，展示在舞台中下部。

- 为确定按钮搭建积木：如果"出现的小动物"和"我的动物顺序"两个列表相等，则说"你答对了"，否则说"出错了"。

10-4 回家之路

作品效果图（见图10.17）

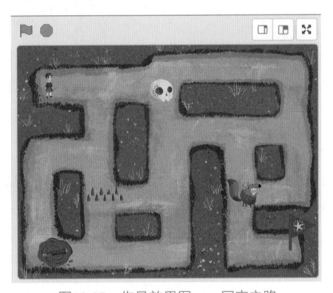

图10.17 作品效果图——回家之路

作品功能

回家路上，王子走进了一个迷宫，该怎样到达最后的终点呢？

- 舞台背景为草地上的迷宫。

- 王子出现在舞台左上方，通过键盘的上下左右键可以控制王子移动。

- 迷宫中有不断冒出的地刺、骷髅、大灰狼、沼泽等危险角色，还有木棍、魔法药水等道具。

■ 王子碰到危险角色时，游戏失败，游戏结束。

■ 王子碰到道具时，道具会被添加到王子的背包列表，之后道具消失（隐藏）。

■ 按下空格建，显示背包列表，王子会询问用户"你想使用哪个道具"，用户输入需要使用的道具名称：

　　□ 如果用户输入的内容在背包中存在，则会使用该道具，道具使用后会从列表中删除；

　　□ 如果用户输入的内容在背包中没有找到，王子会说"背包中没有该物品"；

　　□ 使用魔法药水道具时，魔法药水出现在王子当前位置，慢慢移到沼泽处，沼泽在闪烁后消失；

　　□ 使用木棍道具时，木棍会出现在王子当前位置，慢慢移到大灰狼处，大灰狼在闪烁后消失。

■ 王子碰到终点时，游戏成功，游戏结束。

◉ 作品步骤提示

■ 本作品中的所有素材，请到我们的公众号中下载。

■ 为作品添加背景，并添加角色王子（或公主）、地刺、骷髅、沼泽、大灰狼、魔法药水、木棍、终点等角色，完成初始化至舞台合理位置。

■ 添加"道具背包"的列表，初始为隐藏状态。

■ 为地刺添加动画效果，每隔几秒出现一段时间。

■ 为大灰狼和骷髅添加动画效果，不断地切换造型。

■ 为王子添加移动的功能，使王子根据键盘上下左右的按键情况进行移动。

■ 为王子添加侦测功能：

　　□ 王子碰到背景草地外围的绿色时，向后移动；

　　□ 王子碰到地刺、骷髅、沼泽、大灰狼时，游戏结束；

　　□ 王子碰到终点时，说"成功过关"，游戏成功，游戏结束。

■ 为魔法药水与木棍添加侦测功能，当角色碰到王子时，将该角色的名称作为一个列表项添加到"道具背包"列表中，之后角色隐藏。

■ 为王子搭建积木，实现以下效果：

  □ 当用户按下空格键，"道具背包"列表显示在舞台上，之后王子询问"你想使用哪个道具"。

  □ 根据用户的回答进行判断，若回答为"道具背包"列表中包含的道具，则广播消息，使用相应的道具；若回答内容不包含在列表当中，王子对用户说"背包中没有该物品"。

■ 为魔法药水、木棍搭建积木：在接收到消息时（王子角色在使用道具时广播的消息），滑行至与之对应的角色位置（魔法药水对应沼泽、木棍对应大灰狼），之后消失。

■ 为沼泽、大灰狼搭建积木：在接收到消息时，角色发生动画效果，之后消失（需要注意的是，魔法药水、木棍、沼泽、大灰狼的动画效果有一定的顺序要求，请做好时间的控制）。

第11课 奇妙万花筒

学习目标

* 认识自制积木；

* 能够创建、重命名、删除自制积木；

* 能够使用自制积木，简化复杂的积木逻辑；

* 理解参数的含义；

* 能够为自制积木添加、修改、删除参数；

* 理解布尔值的含义；

* 能够搭建多参数的自制积木，并能灵活运用。

11-1 自制积木

● 自制积木的创建

自制积木，也称为自定义积木、代码块或函数，是由Scratch作品的制作者自行创建的，用于实现某种特定功能的积木。

1. 创建自制积木

在"自制积木"模块中选择"制作新的积木"。为自制积木起一个名字，之后单击"完成"按钮，一个基础功能的自制积木就创建完成了（见图11.1）。

在创建自制积木之后，软件中会新增两个积木。

■ 在角色积木区中会新增"定义XXX"的积木（XXX是这个自制积木的名字），这个积木用于为自制积木定义功能；

■ 在积木区的自制积木模块中，会新增一个普通积木，这个积木用于执行自制积木的功能。

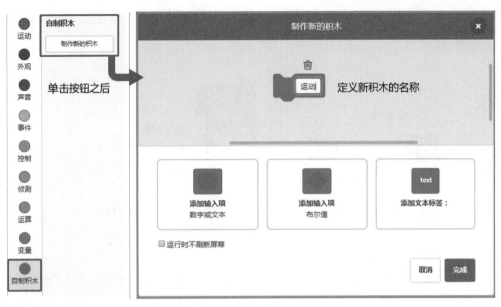

图11.1 创建自制积木

2. 使用自制积木

创建完成自制积木之后，就可以使用自制积木了。为自制积木添加一些积木，制作特有功能，之后在其他积木组中使用即可（见图11.2）。

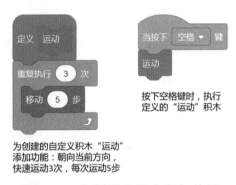

为创建的自定义积木"运动"
添加功能：朝向当前方向，
快速运动3次，每次运动5步

按下空格键时，执行
定义的"运动"积木

图11.2 自制积木的定义与使用

◉ 自制积木的重命名与删除

在创建一个自制积木之后，可以针对这个积木进行重命名或删除的操作（见图11.3）。

在积木上单击鼠标右键，选择"编辑"选项，就可以进入这个积木的"编辑"状态，在编辑状态中，可以修改积木的名称，也可以增加自制积木的参数，还可以选择是否在运行时刷新屏幕。

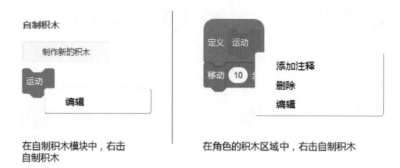

图11.3　对自制积木进行编辑

如果希望删除自制积木，可以在角色积木区的"定义XX"积木上右击，选择"删除"。

删除自制积木，需要一个前提：在该角色的其他积木组中，并没有使用这个积木。

如果在角色的其他积木组中，使用了某个自制积木，删除这个自制积木时会给出无法删除的提示信息："To delete a block definition，first remove all users of the block"。这句话的含义是：删除定义的自制积木之前，请先删除所有在使用的自制积木。

◙ 为何要使用自制积木

自制积木只需要定义一次，之后就可以多次使用。我们可以通过自制积木减少作品中冗余、重复的积木，降低作品整体积木量。

如果在积木组当中，针对同一个角色，有一些重复性的积木和功能（相同或相似的积木块），那么可以使用自制积木，将重复性的积木变成一个"积木组"（见图11.4）。

需要注意的是，自制积木的定义与使用，仅针对单一角色，不能跨角色使用。即：为角色A定义的自制积木，只能在角色A中使用，而不能够在角色B中使用。

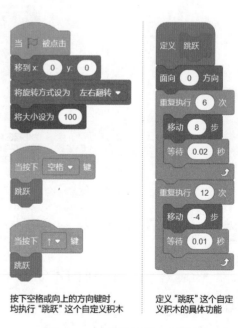

按下空格或向上的方向键时，
均执行"跳跃"这个自定义积木

定义"跳跃"这个自定义积木的具体功能

图11.4　积木组的复用性

编程提示

❶ 运行时不刷新屏幕

在创建自制积木时会看到一个选项——运行时不刷新屏幕。勾选该选项时，角色在执行自制积木时会直接展示"自制积木被执行"之后的运行结果；不勾选该选项时，会在舞台上展现出积木执行过程中角色的变化。

❷ 自制积木的另一种称呼

自制积木，在高级编程语言中被称为函数或功能函数。系统本身拥有一些功能函数，用户也可以自行创建功能函数。函数的作用在于实现某种功能，被封装为函数的积木（代码）能够被多次使用。

动动手——自制初始积木

❶ 积木效果图

积木效果如图11.5所示。

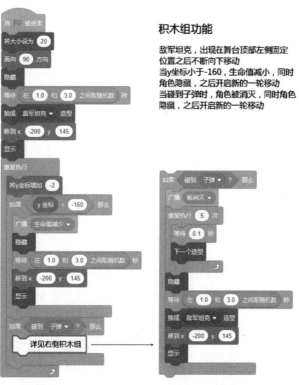

图11.5 积木效果图——自定义初始积木

请基于案例给出的积木，创建自制积木，完成积木的优化。

❷ 作品步骤提示

● 本作品的初始案例，请到我们的公众号中下载。

● 添加自制积木，自制积木应当包含"积木隐藏，等待一段随机时间之后，切换为敌军坦克的造型，移动至初始位置并显示"等功能。

11-2　有趣的参数

◉ 自制积木的参数

在创建自制积木时，创建窗口的底部会有三个特殊的积木块，这三种积木拥有不同的功能。前两种"添加输入项"的积木块，是这个自制积木的参数，最后的"添加文本标签"的积木块，是为这个自制积木的参数之间添加一些内容（见图11.6）。

图11.6　自制积木当中，界面底部的3个特殊积木块

◉ 如何理解参数

参数的概念有些抽象，如何理解呢？

可以将一组自制积木看作一个加工厂，在默认的情况下（没有设置任何参数时），这个加工厂只会生产一种物品，拥有一种固定功能。如果为这个加工厂添加一些"原料入口"，那么这个加工厂就可以根据具体的原料，针对功能进行一些控制，让它能够生产不同的物品。

自制积木的参数如图11.7所示。

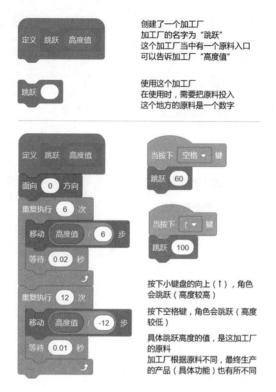

图11.7 自制积木的参数

从编程的角度来说，自制积木是让积木得到复用（同样的积木组能够使用多次）。而自制积木中的参数是让这个自制积木更灵活，应用更广泛，让积木的复用性更强，扩展性更强。

◉ 参数的添加、删除与修改

对于一个自制积木，可以为其添加参数，还可以针对参数进行编辑（见图11.8）。

- 添加参数：自制积木的参数数量没有限制，可以为其添加多个参数，且参数的种类任意。

- 参数的重命名：单击积木中相应参数的名字，就可以对其进行编辑和修改，合理的参数名更便于我们阅读积木。

- 删除参数：如果不再需要某个参数时，单击参数上方的垃圾桶就能够删除这个参数。

- 调整参数位置：在自制积木中，参数的位置不能够调整，这也就要求在创建自制积木时，需要提前构思参数的顺序。

在定义自制积木时，可以不添加任何参数，也可以根据情况为自制积木添加参数。添加的参数可以是一个值，也可以是一个侦测条件（成立或者不成立）。

参数并非是随意添加的，如果在定义自制积木时添加了参数，但在自制积木中并没有使用到参数，这个参数就没有任何意义了（见图11.9）。

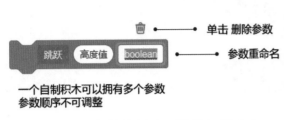

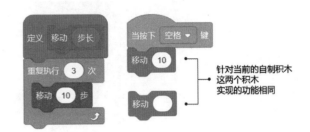

图11.8　参数的创建、删除与重命名　　　　图11.9　没有使用参数的自制积木

编程提示

添加文本输入项的用途

合理添加文本类输入项，可以提升自制积木的可读性。将自制积木名称、自制积木的各个输入项组合成一句完整的话语，更便于理解和记忆。

动动手——绘制七边形

❶ 作品效果图

作品效果如图11.10所示。

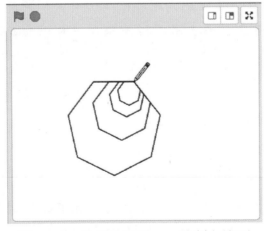

图11.10　作品效果图——绘制七边形

❷ 作品功能

绘制七边形。

● 舞台背景为空白背景。

● 创建一个自制积木，用于绘制七边形。

● 可以通过自制积木的参数控制要绘制的七边形边长。

❸ 作品步骤提示

● 本作品中的所有素材均为Scratch软件的默认素材。

● 作品使用默认的空白背景。

● 添加铅笔角色，并初始化至舞台合理位置，将铅笔造型的中心点调整至笔尖位置。

● 为作品添加画笔模块（扩展模块当中）。

● 为铅笔角色添加自制积木：

  ◉ 自制积木名称：绘制七边形。

  ◉ 自制积木参数：名为"边长"的输入项（值类型参数）。

  ◉ 自制积木功能：先落笔，之后进行绘制，重复执行7次"右转360/7度，并移动'边长'步数"的操作，最后抬笔。

● 为角色铅笔搭建积木，初始化之后需要执行画笔模块中的全部擦除积木。

11-3　扩展性更强的自制积木

◼ **创建含有参数的自制积木（见图11.11）**

■ 创建一个自制积木。

■ 为自制积木增加合理的参数（根据功能需求，创建合理数量的参数，并选择每个参数的类型）。

■ 定义自制积木的功能，在自制积木的积木组当中使用参数。

■ 使用自制积木，传入对应的值。

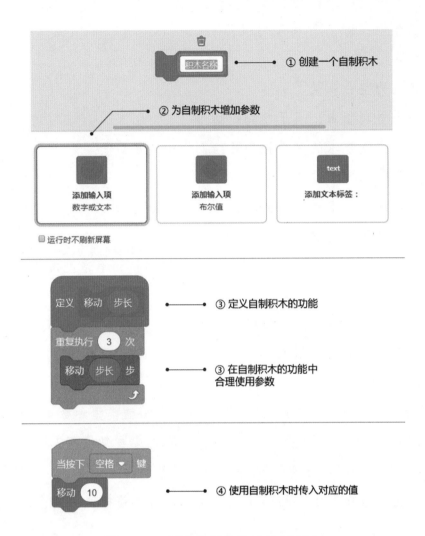

① 创建一个自制积木

② 为自制积木增加参数

添加输入项
数字或文本

添加输入项
布尔值

添加文本标签：

□ 运行时不刷新屏幕

定义 移动 步长

③ 定义自制积木的功能

重复执行 3 次

移动 步长 步

③ 在自制积木的功能中
合理使用参数

当按下 空格 ▼ 键

移动 10

④ 使用自制积木时传入对应的值

图11.11 创建含有参数的自制积木

注意：默认情况下，自制积木不包含任何参数，可以根据情况为自制积木添加参数。添加的参数可以是一个值，也可以是一个侦测条件（成立或者不成立）。

如果在定义一个自制积木时添加了参数，那么在使用这个自制积木时，就需要填写参数的值。

◙ 布尔值类型的参数

在实际的Scratch作品开发中，很少出现只有布尔值类型参数的自制积木，这是由于单纯的布尔值类型参数用途比较有限，通常只能优化"如果……那么……"积木的重复使用（见图11.12）。

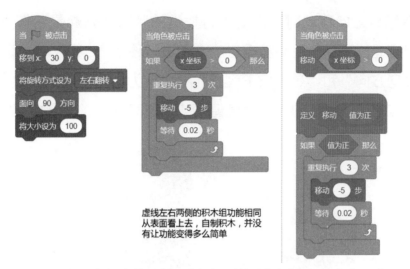

图11.12　大部分情况下，单纯只使用布尔值参数意义不大

布尔值类型的参数往往会在功能较为复杂的作品中使用。

◉ 多参数自制积木的应用

对于较为复杂的积木功能，可以添加多个、多种参数。在添加参数时，需要注意参数的命名，合理的命名有助于后期积木组的阅读和搭建。

如果在定义自制积木功能的过程中修改了当前参数的名称，积木组中已经使用的参数名并不会随之改变，此时，需要用新的参数名替换原来的参数名（见图11.13）。

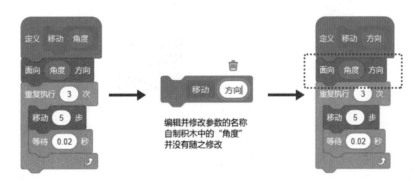

图11.13　修改自制积木的参数名后，曾经的参数名不会随之修改

为自制积木添加多个参数，目的在于进一步优化积木组，将相同或相似、有一定规律的积木提取出来，"封装"成一个自制积木，通过各个参数进行控制，减少整体的积木量（见图11.14）。

以"使用上、下、左、右四个方向键，控制角色朝向相应方向移动"的功能为例。

在决定是否朝某方向移动时，需要进行按键的判断（判断是否按下了相应的方向键），在按下相应键位时，角色朝着相应的方向进行移动。

将"角色面向方向"和"是否按下键盘"两者作为自制积木的参数，在使用时，为自制积木传入相应的值（具体的方向角度值）或判断表达式（侦测按键的积木）。

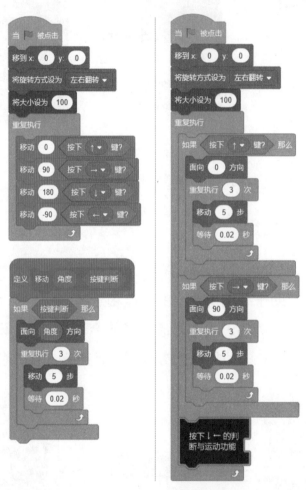

图11.14　多参数的自制积木（虚线左右两组积木组功能相同）

编程提示

❶ 布尔值类型参数的值

布尔值是一种特殊的数据类型。

自制积木中，布尔值类型的参数是六边形的，这种参数的值包括true和false，此类积木的取值与此前讲解过的各类布尔值积木相同（见图11.15）。

图11.15 布尔值类型参数的值

❷ 自制积木的用途

如果你在思考作品当中哪里可以使用自制积木，但是却无法想到具体的自制积木功能（如移动、跳跃等），并不需要着急。

只需要记住，当积木呈现出哪些特点时可以使用自制积木，之后在进行作品制作时，角色的积木呈现出这些特点时（出现多处相同或功能相似的积木或积木组），就可以使用自制积木对其进行优化。

动动手——绘制多边形

❶ 作品效果图

作品效果如图11.16所示。

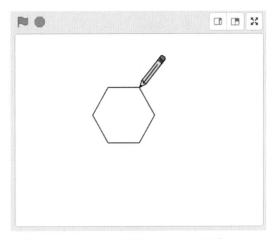

图11.16 作品效果图——绘制多边形

❷ 作品功能

根据用户输入的边数，进行多边形的绘制。

● 铅笔角色，询问用户要绘制的多边形的具体边数。

● 用户输入大于或等于3的整数之后，进行多边形绘制。

❸ 作品步骤提示

● 本作品请基于"11-2 绘制七边形"作品进行制作。

● 作品开始时,"铅笔"角色询问用户要绘制的多边形的边数,如果用户回答
的是正整数,且数字大于2,小于11,则进行绘制。

● 编辑自制积木"绘制七边形",将其名称修改为"绘制多边形",并为其添
加输入项"边数"(参数)。

● 修改自制积木,将重复执行的次数改为"边数",将右转角度设置为"360/
边数"。

11-4 作品实战——万花筒

◉ 作品效果图(见图11.17)

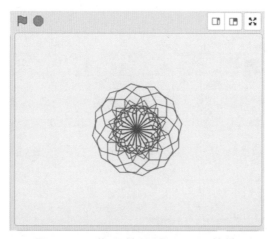

图11.17 作品效果图——万花筒

◉ 作品功能

绘制多个多边形,组成万花筒的形状。

■ 创建一个自制积木。

■ 创作者可以通过自制积木控制多边形的边数,每个边的边长,每一次绘制的多
边形个数及画笔的颜色。

◉ 作品步骤提示

■ 本作品请基于"11-3 绘制多边形"作品进行制作。

■ 修改"铅笔"角色的积木功能，移到舞台中心之后隐藏。

■ 编辑自制积木"绘制多边形"，为其添加多个输入项（参数），包括"边数""半径""数量""笔触颜色"。

■ 修改自制积木中的积木功能：

　　▢ 移到舞台中心，并将画笔颜色设为"笔触颜色"。

　　▢ 将移动步数修改为"2 * 边长 * tan(180/边数)"，并在重复执行之后加入左转"360/数量"。

　　▢ 在重复执行"边数"次及左转积木外部再搭建一个重复执行"数量"次的积木。

万花筒绘制过程与效果如图11.18所示。

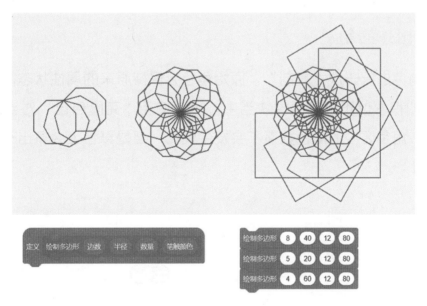

图11.18　万花筒绘制过程与效果

学习目标

* 认识克隆积木，并能区分克隆和复制；

* 能够使用积木，进行克隆体的创建、删除；

* 能够使用积木，为本体和克隆体设置不同的功能；

* 能够创建功能相似的克隆体；

* 学习并理解编程专业术语；

* 能够根据需求，独立完成"皇家游乐园"作品的制作。

12-1 克隆

◼ 克隆与克隆体的创建

克隆是将角色进行一次"复制"，原始角色会保持原来的属性状态。

克隆角色的积木位于控制类模块当中，可以使用"克隆自己"对当前角色进行克隆，克隆之后，角色区中的角色数量不会发生变化，但是舞台上会多出一个一模一样的角色（见图12.1）。

图12.1 克隆体的创建

角色被克隆后，克隆体会默认以同样的大小和状态出现在角色本体所在位置。

◉ 为克隆体添加个性化功能

在创建克隆体之后，会发现为角色本体添加的积木组对于克隆体没有任何效果。换言之，可以单独控制角色本体和角色的克隆体（见图12.2）。

如果希望能够操作克隆体，需要使用"当作为克隆体启动时"积木来实现。

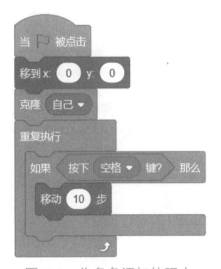

图12.2 为角色添加的积木，对克隆体无效

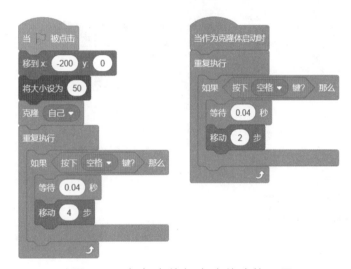

图12.3 角色本体与克隆体功能不同

图12.3的积木功能是将角色位置设置为（-200，0），大小设置为50，并克隆自己。为角色本体和克隆体都添加了"按下空格键"移动的功能，角色本体每隔0.04秒移动4步，克隆体每隔0.04秒移动2步。

运行程序，按下空格键后，会发现角色本体和克隆体向前移动的速度并不相同。

◉ 删除克隆体

当不需要使用克隆体时，可以使用"删除此克隆体"积木，将此前克隆的角色删除。例如，克隆角色，让角色克隆体不断地向前运动，当碰到舞台边缘时，删除此克隆体（见图12.4）。

注意：在角色本体的积木组中，使用"删除此克隆体"积木时不会产生任何功能效果（见图12.5）。

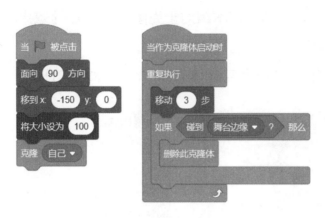

图12.4　删除克隆体

以上两组积木，克隆体并没有被删除

图12.5　删除此克隆体积木，放置在
角色本体的积木组中无效

编程提示

❶ 复制和克隆的区别

复制，是将一个角色复制一个，并将其添加到角色面板中，两个角色的积木组是相互独立的，可以在复制之后，选择各个角色，修改每个角色对应的积木功能。

克隆，是将当前角色克隆一个，并将其放置在舞台上，并不会在角色面板中多出一个角色。

❷ 作品停止后，克隆体会自动被删除

当作品停止时，或者使用停止全部的积木之后，所有的克隆体会从舞台上消失，即克隆体会在作品停止时自动被删除。

动动手——如影随形

❶ 作品效果图

作品效果如图12.6所示。

图12.6　作品效果图——如影随形

❷ 作品功能

公主和王子遇上了大灰狼，他们需要携手躲避大灰狼的进攻。

● 舞台背景为森林。

● 点击绿旗之后，公主和王子会以如下方式进行运动：

○ 王子在舞台右侧移动，垂直方向的位置始终不变，鼠标在舞台右半侧时，角色的x坐标和鼠标x坐标相同；鼠标在舞台左半侧时，角色的x坐标和鼠标x坐标相反（x坐标值 * -1）。

○ 公主在舞台左侧移动，垂直方向的位置始终不变，鼠标在舞台左半侧时，角色的x坐标和鼠标x坐标相同；鼠标在舞台右半侧时，角色的x坐标和鼠标x坐标相反（x坐标值 * -1）。

● 大灰狼会从舞台上方不断向下移动，在舞台上有可能同时出现多只大灰狼，当大灰狼碰到舞台底部边缘时消失。

● 如果公主或王子碰到大灰狼，游戏失败，游戏结束。

❸ 作品步骤提示

● 本作品中的所有素材，请到我们的公众号中下载。

● 为作品添加背景，并添加"王子"角色，完成角色的初始化，王子角色有两种造型，分别是王子和公主。

● 游戏开始时，对"王子"角色进行克隆，克隆体切换为公主造型。

- 为"王子"角色的本体搭建积木，当鼠标x坐标大于20时，王子的x坐标与鼠标的x坐标相同；当鼠标的x坐标小于-20时，王子的x坐标为鼠标的x坐标 * -1。
- 为"王子"角色的克隆体（公主造型）搭建积木，当鼠标x坐标大于20时，公主的x坐标为鼠标的x坐标 * -1；当鼠标的x坐标小于-20时，公主的x坐标与鼠标的x坐标相同。
- 添加"大灰狼"角色，隐藏角色本体，使用克隆相关积木，每隔一段时间（时间随机）克隆大灰狼，克隆体会以随机大小出现在舞台上方的随机位置，并不断向下移动，直到碰到舞台底部边缘或王子、公主角色为止。
  - 当大灰狼碰到舞台底部边缘时，克隆体被删除。
  - 当大灰狼碰到王子或公主时，游戏失败，游戏结束。

注意：可以根据自身需求，添加倒计时功能，为游戏增加时间限制。

12-2　克隆体的应用

◼ 事件与克隆体

键盘与鼠标的事件，能够同时应用于角色本体和克隆体（见图12.7）。

如果积木添加在"当角色被点击"等事件的下面，用鼠标单击角色，会发现无论是本体还是克隆体都会执行相应的功能。

如果积木添加在"当作为克隆体启动时"事件的下面，这些积木只能够应用于克隆体，角色本体不会受到任何影响。

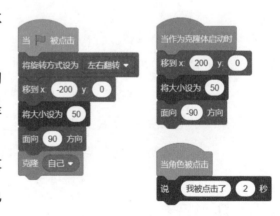

图12.7　角色本体和克隆体的通用之处

◼ 创建多个克隆体

一个角色可以创建多个克隆体，这种操作方法在游戏制作中极其常用，用于创建大量相同或相似功能的物品。

那么，满足什么条件才能够使用克隆积木呢？在使用克隆积木时又有什么技巧呢？

首先，具体功能方面，每个克隆体的功能应当是相同或相似的（有规律可循）；其次，通常会借助"重复执行"类的积木来创建多个克隆体。

在图12.8的积木组中，在点击绿旗时，将角色本体隐藏，并利用"重复执行10次"创建多个克隆体（具体数量可以根据情况进行设置），之后添加"当作为克隆体启动时"事件，为克隆体设置一个随机位置和一些属性（如颜色、大小等）。

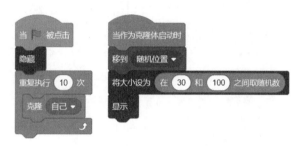

图12.8　创建多个克隆体

◉ 创建多个功能相似的克隆体

如果所有克隆体的功能是相同的，只需要借助"重复执行"类积木就能够实现。如果所有克隆体功能并不完全相同，在数值设置上有细微的差异，要如何解决呢？

例如，希望产生8个克隆体，分别位于舞台以下坐标位置：(-150，90)、(-50，90)、(50，90)、(150，90)、(-150，-90)、(-50，-90)、(50，-90)、(150，-90)。

面对这样的功能需求，有几种解决方法，一种是找出数值上的规律，之后在创建克隆体时执行相应的操作；另一种是借助列表类积木，将数值预先存储好。

1. 根据数值规律实现

不难发现，这8个克隆体的位置具有一定的规律性，每4个克隆体为一组，x值从-150开始，每次增大100，y值前4次均为90，后4次均为-90（见图12.9）。

2. 借助列表积木实现

借助列表类积木将数值预先存储好，之后通过一个变量分别读取列表的每一个列表项。这种方法虽然积木会多一些，但是整体会更灵活，当坐标发生变化且没有规律性的时候，依旧可以使用这种方法（详见图12.10和图12.11）。

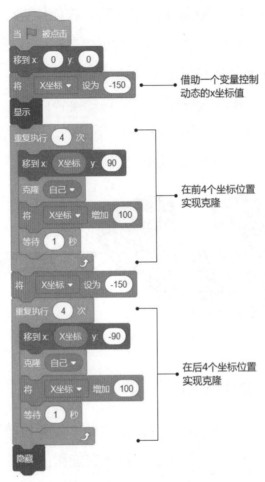

图12.9　创建多个功能相似的克隆体（方法1）

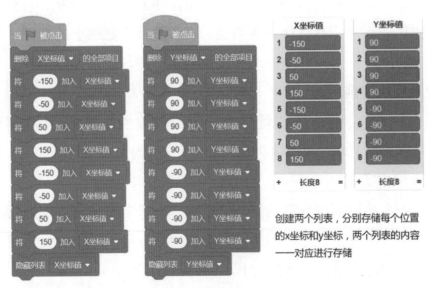

图12.10　创建多个功能相似的克隆体（方法2：创建辅助列表）

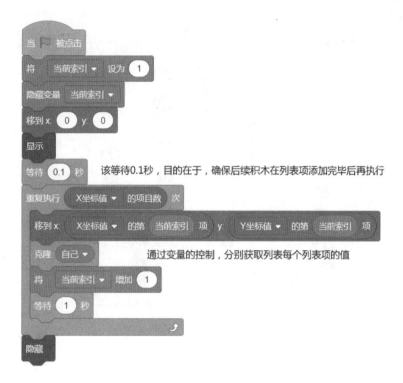

图12.11 创建多个功能相似的克隆体（方法2：实现位置的控制）

编程提示

使用克隆积木时，建议隐藏本体

如果针对一个角色使用了克隆相关积木，一般情况下，会将角色本体隐藏起来，以防止角色本体对整个作品产生干扰。

动动手——真假王子

① 作品效果图

作品效果如图12.12所示。

② 作品功能

王子玩起了捉迷藏，究竟哪个是真的王子呢？

● 舞台背景为默认的空白背景。

● 单击舞台，会同时出现多个王子。

● 如果使用鼠标单击王子的本体角色，王子会说"啊呀，被你发现了……"。

图12.12　作品效果图——真假王子

❸ 作品步骤提示

● 本作品中的所有素材，请到我们的公众号中下载。

● 添加"王子"角色，以随机大小、随机位置完成初始化并隐藏。

● 为王子搭建积木，让王子实现10次克隆，克隆自己，克隆体为随机大小、随机位置，初始为隐藏状态。

● 在背景处搭建积木，当背景被单击时，广播"开始辨别"消息。

● 为王子搭建积木，接收到"开始辨别"的消息之后，显示出来。

● 为王子搭建积木，添加当绿旗被点击积木，并运用侦测类积木，检测"王子"角色是否被单击，如果被单击，则王子说"啊呀，被你发现了……"，游戏结束。

12-3　编程专业术语

本节给出Scratch中较为常见的基础编程术语，由于在本书此前的内容中，针对这些知识进行过详细讲解，在此给出较为简单的描述。

■　编程语言：计算机能够听懂的一种语言。

■　积木块：又称为代码、脚本、指令，每个积木块拥有自己的功能，众多积木块构成一个程序。

- 程序：积木块的集合，用于告知计算机完成某个任务，计算机会执行这个内容。
- 导入：将Scratch软件之外的内容添加到作品中，如角色、造型、声音文件等。
- 导出：将Scratch作品或某个角色存储到本地计算机。
- 运行：程序（积木组）开始执行，在Scratch中，通常会在点击绿旗之后运行程序。
- 作品：又称为项目或案例，是Scratch当中对一个程序以及这个程序所包含的资源（角色、背景、声音等）的统称。
- 舞台：展现Scratch作品效果的区域，Scratch作品会在这个区域中运行。
- 像素：计算机用来组成图像的小点，Scratch的舞台区域的尺寸为481像素×361像素。
- 数据类型：数据的分类，在Scratch中，数据类型主要分为数字、字符串、布尔值三种。
- 数字：数字是数据类型的一种，可以是整数，也可以是小数。
- 字符串：字符串是数据类型的一种，一连串的字符，可以是1个，也可以是多个，可以包含数字、字母、标点符号等。
- 布尔值：布尔值是数据类型的一种，包含true和false两个值，分别表示真和假，是侦测类积木的运行结果。
- 事件：Scratch中指定的计算机特定行为操作，如绿旗被单击、键盘被按下、鼠标单击角色等。
- 广播消息与接收消息：角色与角色之间发送信息与接收信息的一种方法。
- 随机数：在指定范围之内产生一个不确定的数字。
- 变量：存储可变数据的一个空间，用于存储一个值（数字、字符串等）。
- 全局变量：变量的一种，作品中所有的角色和背景都可以使用或修改。
- 局部变量：变量的一种，只能被某一个角色或背景使用或修改，无法应用于其他角色。
- 列表：多个变量的集合，是一个存放多个值的连续空间。
- 列表项目：列表中的每个具体项目。

- 顺序结构：积木执行时，执行顺序从上到下依次执行的结构，大部分积木都属于这一类型。

- 选择结构：当满足某个条件时，执行对应积木的结构，"如果……那么……"积木就属于这一类型。

- 循环结构：不断重复执行一些积木的结构，"重复执行"积木就属于这一类型。

- 判断表达式：即判断条件，在"如果……那么……"积木中，嵌入如果之后的六边形积木就是判断表达式。

- 函数：又称为自制积木、自定义积木、子程序，是众多积木组的集合，构成一个相对较为完整的功能。

- 参数：自制积木中的可输入值。

- 递归：程序调用自身的过程。

- 扩展积木：又称为Scratch插件，用于扩充Scratch当前的功能。

12-4　作品实战——皇家游乐园

◉ **作品效果图（见图12.13）**

图12.13　作品效果图——皇家游乐园

◉ 作品功能

王子和公主来到了皇家游乐园，一起玩起了打气球游戏。

- 舞台背景为游乐园。
- 游戏开始时，舞台底部会不断出现气球，往舞台上方飞去，碰到舞台上边缘时，气球消失。
- 舞台上会出现瞄准镜，瞄准镜跟随鼠标移动。
- 使用鼠标单击不同的气球，获得不同的分数。
- 游戏时长为60秒（也可根据自己的需求调整游戏时长），游戏开始之后进行倒计时，当时间为0秒时，硕硕出现，宣布本次游戏的结果（是否突破了最高纪录）。

◉ 作品步骤提示

- 本作品中的所有素材，请到我们的公众号中下载。
- 为作品添加背景"游乐园"。
- 添加"气球"角色，添加不同的气球造型，初始化至舞台中心位置并隐藏。
- 添加"瞄准镜"角色，实现瞄准镜一直跟随鼠标移动的效果。
- 为气球搭建积木，气球会不断克隆自己：
  - □ 克隆体出现时切换为随机造型；
  - □ 克隆体会从舞台底部随机位置出现，之后一直向上移动；
  - □ 当克隆体碰到舞台顶部边缘时，克隆体被删除；
  - □ 当克隆体碰到瞄准镜，且此时用户按下了鼠标按键，气球被击中，该克隆体被删除。
- 为气球角色搭建积木，击中不同颜色的气球，增加不同的分数：
  - □ 如果击中橙色气球，分数加1分；
  - □ 如果击中红色气球，分数加2分；
  - □ 如果击中蓝色气球，分数加3分；
  - □ 如果击中紫色气球，分数加4分；

□ 如果击中王子造型的气球，分数乘以2；

□ 如果击中公主造型的气球，分数除以3。

■ 添加"本次游戏分数""最高分"两个变量，"本次游戏分数"初始值为0
分，"最高分"变量不进行任何初始化。

■ 添加倒计时变量，初始值为60秒，倒计时结束时，游戏结束。

■ 为作品添加硕硕角色，初始化为隐藏状态，游戏结束时出现，之后将"本次游
戏分数"和"最高分"进行比较：

□ 如果"本次游戏分数"大于"最高分"，则更新游戏最高纪录的信息（将
本次游戏分数设置为最高纪录），硕硕会恭喜游戏者，成功刷新最高分纪
录，并告知游戏者本次游戏的分数；

□ 如果"本次游戏分数"小于"最高分"，硕硕会告诉游戏者，本次游戏并
没有突破最高分，之后会告知游戏者最高分纪录的分值。

第5单元
Scratch综合实战

* * * * * *

本单元使用一个完整的作品《龙战士传说》，针对Scratch积木进行综合实战讲解。在此，将该作品的讲解过程拆分为三个部分，分别是"核心功能的实现""作品完整性的打造"以及"用于提升可玩性、趣味性的功能优化"。

通过本单元内容的学习，能够更清晰地了解一个完整、有趣、功能丰富的作品的开发流程与制作方法。

* * * * * *

知识基础与开发前的准备工作

知识基础：本课中涉及第1课~第12课中大部分的Scratch知识和积木，是Scratch各类积木的综合应用。本课内容将按照作品的合理开发流程，逐步进行讲解。

建议先查看作品的实际展示效果，再开始制作该作品。关注我们的公众号"码匠"，获取作品试玩地址，下载本作品所需要的角色素材；关注B站up主"码匠"，获取作品制作视频。

在本课当中，提供了作品的功能说明、功能的实现步骤。你可以自行根据作品效果，进行功能的分析、拆解，并按照自己的思路，逐步实现作品的开发。我们非常推荐你采用这种方法，多动手实战有利于更快地掌握Scratch知识，在制作作品的过程当中如果遇到问题，可以参考我们提供的相关内容。当然，您也可以跟随书籍，逐步完成作品的制作与开发，并在这个过程中进行知识的复习与实战。

作品完整功能说明

- 作品具有游戏开始界面，游戏胜利、失败界面以及游戏过程界面。
- 在游戏最初阶段，勇士会进行故事的叙述。
- 在游戏过程中，两名勇士需要抵御巨龙的攻击。
- 舞台左侧为两名勇士，分别手持盾牌和宝剑，使用鼠标单击屏幕，可以让两名勇士互换位置。
- 舞台右侧有"火球"和"巨龙"两种敌人在逐步接近，巨龙可以被手持宝剑的勇士击杀，火球可以被手持盾牌的勇士阻挡。
- 如果在勇士和敌人接触时匹配正确，则火球被手持盾牌的勇士阻挡、巨龙被手持宝剑的勇士消灭；否则，游戏失败并结束。

- 每次匹配正确，可以获得1分加分。

- 敌人的移动速度会随着游戏时间的加长越来越快，并且会进行造型的切换（如火球会切换为水球造型等），背景的颜色也会发生一些改变。

- 游戏总时长为150秒，时间为0秒时，游戏成功并结束。

作品效果如图13.1所示。

图13.1　作品效果图——龙战士传说

作品功能拆解

一个完整的作品，功能通常可以拆解为以下三部分。

- 核心功能部分：作品中必不可少的部分，是一个作品的灵魂。

- 作品完整性部分：从一个作品而非一个案例的角度出发时需要增加的相关功能，让作品有始有终，通常包含初始界面、作品操作介绍、成功失败的反馈信息等。

- 功能优化部分：为了让整个案例变得丰富多彩，而增加的一些特色功能，主要针对积木逻辑功能、动画流畅度、案例视觉层面进行优化。

在最初学习Scratch时，为了在作品开发过程当中保持清晰的开发思路，作品制作的顺序通常遵循"核心功能"→"作品完整性"→"功能优化"的流程。

先制作核心功能，确保作品核心内容无误，之后让作品变得更加完整，最后进行功能的优化。如果已经熟练掌握Scratch，制作比较复杂的作品时，更为推荐先完成场景切换逻辑，再实现具体细节的制作流程。

核心功能的实现

◉ 核心功能的说明

- 舞台上有四个角色，左侧为两个勇士，分别手持盾牌和宝剑，右侧为两个敌人，分别是"火球"和"巨龙"。

□　两个勇士的x坐标相同，两个敌人的x坐标相同或相近。

□　敌人和勇士的y坐标相同。

■　使用鼠标单击屏幕，可以让两个勇士互换位置。

■　敌人每次出现时，有可能是火球在上方，有可能是巨龙在上方。

■　两种敌人出现在舞台右侧，之后逐步向左移动，当敌人碰到勇士时进行匹配判断：

□　如果匹配正确（火球碰到手持盾牌的勇士、巨龙碰到手持宝剑的勇士），
则敌人消失，一段时间后重新出现在舞台右侧，开启新一轮的移动；

□　如果匹配错误，游戏失败，游戏结束。

具体核心功能说明如图13.2和图13.3所示。

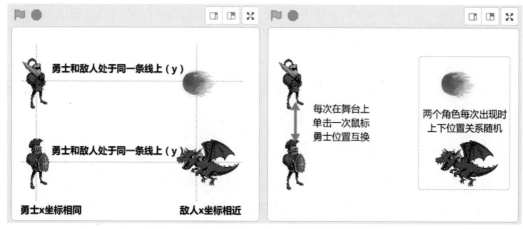

图13.2　核心功能说明——角色位置与位置互换（1）

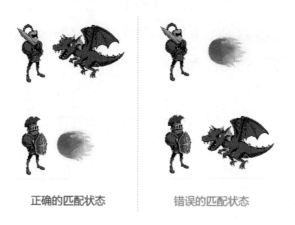

图13.3　核心功能说明——角色位置与位置互换（2）

注意：在案例当中，火球的角色名称为"魔法攻击"，巨龙的角色名称为"物理攻击"，为了便于本书内容的阅读，下文中采用的是"火球""巨龙"两种名称，而没有采用真正的角色名称。

◉ 核心功能的实现步骤

- 勇士角色初始化。
- 勇士角色位置的互换：当单击鼠标时，两个勇士角色的位置进行互换（使用变量存储位置信息）。
- 敌人角色初始化：在游戏开始时完成角色初始化，在每次被勇士成功阻挡之后进行角色的初始化。
- 敌人角色移动与碰撞检测：敌人角色不断地向左移动，当敌人角色碰到勇士角色时进行判断，根据判断结果，执行相应的功能。
- 细节处理：针对案例中的细节部分进行优化。

◉ 勇士角色初始化

- 舞台使用白色背景。
- 添加持剑勇士和持盾勇士两个角色，并完成角色初始化，持剑勇士位于舞台左上方，持盾勇士位于舞台左下方（见图13.4）。

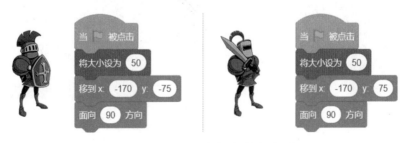

图13.4　两个勇士角色的初始化

◉ 勇士角色位置的互换

- 创建变量"上面的角色"，该变量用于标识两位勇士哪一位在上方。
- 在背景中搭建积木：将变量"上面的角色"的初始值设置为"持剑勇士"。

- 在背景中搭建积木：不停地检测，如果鼠标按下则进行判断，若此时"上面的角色"变量的值为"持剑勇士"，则将其值设为"持盾勇士"，否则，将其值设为"持剑勇士"。

- 在背景中搭建积木：设置完成变量"上面的角色"的值之后，广播消息"互换位置"，为防止两位勇士位置切换得太频繁，在广播消息之后等待0.1秒。

- 为角色（持剑勇士）添加积木：接收到"互换位置"的消息后进行判断，如果"上面的角色"（变量）的值为"持剑勇士"，则将位置移动至上方，否则移动至下方。

- 为角色（持盾勇士）添加积木：接收到"互换位置"的消息后进行判断，如果"上面的角色"（变量）的值为"持盾勇士"，则将位置移动至上方，否则移动至下方（见图13.5）。

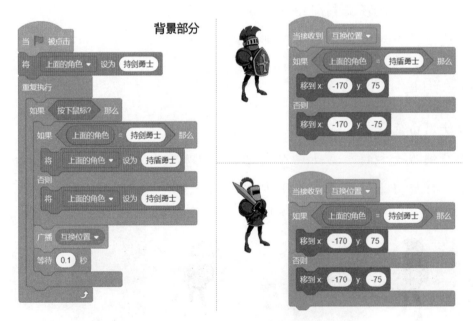

图13.5　勇士角色位置的互换功能积木

敌人角色初始化

- 添加火球和巨龙两个角色，并完成角色初始化至舞台右侧合适位置。
- 创建变量"上面的敌人"，该变量用于标识两种敌人哪一种在上方。
- 在背景中搭建积木：当绿旗被点击时，发送"敌人移动"的消息在"游戏开始"和"碰到勇士角色且匹配正确"这两种情况下，敌人会进行移动，考虑到积木的复用性，可以使用消息来实现这个功能。

- 在背景中搭建积木：接收到"敌人移动"的消息后，"上面的敌人"的值会在0和1之间随机选择一个数。
- 为角色（火球）添加积木：接收到"敌人移动"的消息后，稍等片刻，进行判断，如果"上面的敌人"的值为0，火球出现在上方位置，否则出现在下方位置。
- 为角色（巨龙）添加积木：接收到"敌人移动"的消息后，稍等片刻，进行判断，如果"上面的角色"的值为1，巨龙出现在上方位置，否则出现在下方位置。

具体如图13.6和图13.7所示。

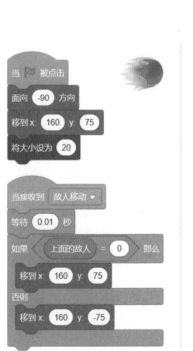
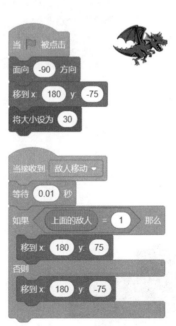
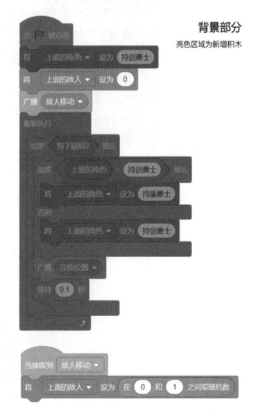

图13.6　两个敌人角色的初始化　　图13.7　背景功能，发送敌人移动的消息

注意：在敌人角色中，稍等片刻再进行判断的原因在于，确保"上面的敌人"的数值已经被设置，即确保背景中接收到"敌人移动"消息的积木先执行。

敌人角色移动与碰撞检测

■ 为角色（火球）搭建积木：不断向前移动，直到碰到持盾勇士或持剑勇士为止；碰到勇士之后进行判断，如果碰到持剑勇士则停止游戏，否则发送"敌人移动"的消息，开启新一轮的运动。

■ 为角色（巨龙）搭建积木：与火球角色基本相同，不同之处在于，在碰到持盾勇士时停止游戏，否则发送"敌人移动"的消息（见图13.8）。

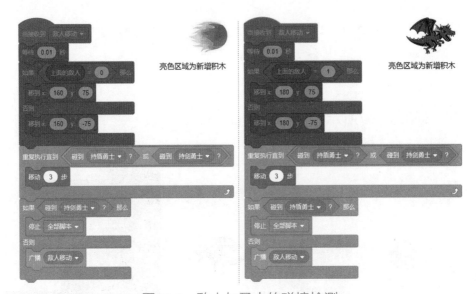

图13.8 敌人与勇士的碰撞检测

细节处理

■ 在背景中搭建积木：将两个变量隐藏，以避免变量会遮挡舞台区域的角色（见图13.9）。

图13.9 隐藏两个变量标识

作品完整性的实现

◙ 作品完整性的说明

为作品添加开始界面、介绍游戏的过程、游戏失败和胜利的判定以及对应的场景，让一个有核心功能的案例变成一个相对较为完整的作品。

■ 作品最初，舞台显示开始界面，单击游戏开始按钮，切换为白色背景，同时一位勇士（正面）出现在舞台中央（见图13.10）。

图13.10　作品完整性功能说明——游戏开始效果图

■ 出现在舞台中央的勇士对游戏进行介绍，介绍完毕后勇士消失，游戏开始（核心功能部分），见图13.11。

图13.11　作品完整性功能说明——游戏玩法介绍效果图

- 为作品增加计时功能（正计时），游戏开始后进行计时，当时间达到150秒时，游戏胜利，切换为胜利界面，游戏结束（见图13.12）。

- 当勇士们碰到自己不能抵御的敌人时（匹配错误时），游戏失败，切换为失败界面，游戏结束（见图13.13）。

图13.12　作品完整性功能说明
——游戏胜利效果图

图13.13　作品完整性功能说明
——游戏失败效果图

注意：请在此前作品的基础上继续进行制作。

◼ 作品完整性的实现步骤

- 角色重新初始化：调整核心功能当中已有角色的初始化积木。

■ 开始界面：添加多个背景并进行背景初始化，初始背景为开始界面，界面中包含"游戏开始"的按钮。

■ 剧情介绍与进行游戏：单击"游戏开始"按钮，旁白（勇士角色）介绍游戏规则，在介绍完游戏规则之后，进入游戏界面。

■ 游戏失败界面：在游戏失败时展示的界面效果与功能。

■ 计时与游戏成功界面：计时功能，计时与游戏成功判断相关，是游戏成功时展示的界面效果。

◉ 角色重新初始化

■ 为当前舞台上的所有角色搭建积木：在点击绿旗时，设置为隐藏状态（在原有初始化积木的底部增加"隐藏"积木），如图13.14所示。

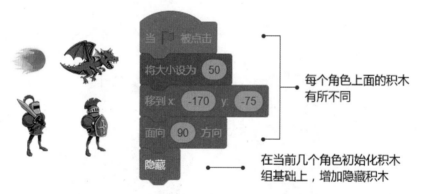

图13.14 角色重新初始化

◉ 开始界面

■ 添加"开始"背景。

■ 在背景中搭建积木：点击绿旗之后，舞台背景切换为"开始"背景。

■ 修改背景中的积木：将"广播敌人移动"以及后面的积木与点击绿旗的积木组分离，暂时放到一边备用。

■ 添加"游戏开始"角色，完成角色初始化：该角色最初为显示状态。

■ 为角色（游戏开始）搭建积木：单击该角色时，广播消息"介绍剧情"，之后隐藏。

开始界面相关功能如图13.15和图13.16所示。

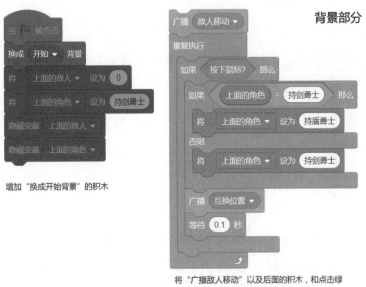

图13.15　开始界面相关功能——背景部分的积木拆解

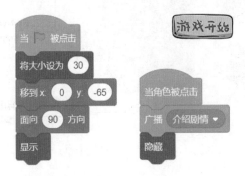

图13.16　开始界面相关功能——游戏开始角色对应的积木

◉ 剧情介绍与进行游戏

■ 在背景中搭建积木：接收到"介绍剧情"的消息后，背景切换为初始背景（背景1）。

■ 添加"勇士正面"角色，完成角色的初始化，在点击绿旗时不显示，接收到"介绍剧情"的消息后显示，并进行剧情及玩法的介绍。

■ 为角色（勇士正面）搭建积木：在介绍完剧情之后，勇士隐藏，并广播消息"进行游戏"。

- 修改核心功能中的四个角色以及背景中的积木：调整核心功能的触发方式。
  - 背景中，判断鼠标按下的积木组，需要在接收到"进行游戏"的消息后才会执行；
  - 核心功能中的四个角色（持盾勇士、持剑勇士、巨龙、火球）在接收到"进行游戏"的消息后显示在舞台上。

剧情介绍与进行游戏如图13.17和图13.18所示。

图13.17 剧情介绍与进行游戏——背景与核心功能四个角色的积木功能

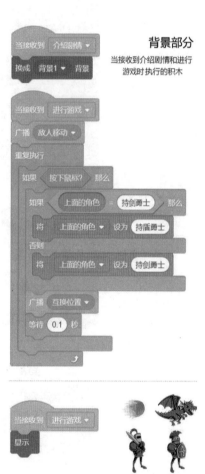

图13.18 剧情介绍与进行游戏——骑士正面角色的积木功能

游戏失败界面

- 添加"失败"背景。
- 修改敌人角色（巨龙、火球）的积木：将失败判定时的"停止全部脚本"积木更换为"广播'游戏失败'消息"积木。

- 在背景中搭建积木：收到"游戏失败"消息后，停止背景的其他脚本，并切换为"失败"背景。

- 为核心功能中的四个角色搭建积木：角色在接收到"游戏失败"消息后隐藏。

游戏失败相关功能如图13.19所示。

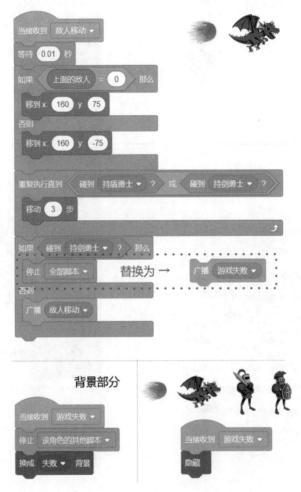

图13.19　游戏失败相关功能

◉ 计时与游戏成功界面

- 添加"胜利"背景。

- 创建变量"时间"，在背景中搭建积木：设置变量"时间"的初始值为0秒，并隐藏变量（让变量不显示在舞台区域当中）。

■ 在背景中搭建积木：当接收到"进行游戏"的消息之后进行时间计时。每隔1
秒，变量值加1，共进行150次计时，当计时达到150秒时，停止该角色的所有
脚本，将背景切换为"胜利"背景，广播"游戏成功"的消息。

■ 为核心功能中的四个角色搭建积木：角色在接收到"游戏成功"的消息后
隐藏。

计时与游戏成功相关功能如图13.20所示。

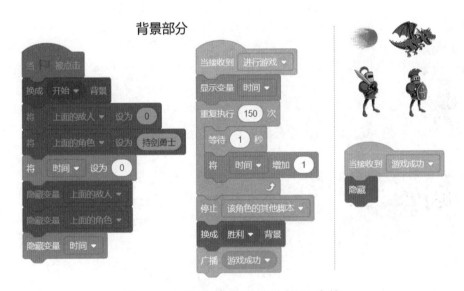

图13.20 计时与游戏成功相关功能

功能优化的实现

◉ 功能优化的说明

为作品的细节进行处理，增加一些小功能，优化游戏视觉效果，提升游戏的趣味性
和可玩性。

■ 在碰到敌人时，持剑勇士会做出挥剑的姿势，持盾勇士会做出抵挡的姿势（见
图13.21）。

■ 敌人的移动速度会随着时间的增加而加快。

■ 每次敌人的造型会随机切换，会出现多种巨龙（物理攻击）和魔法球（魔法攻

击），需要注意的是，在敌人出现时，火龙对应火球，水龙对应水球，闪电龙对应闪电球（见图13.22）。

■ 游戏过程中舞台的背景颜色会不断发生变化。

■ 为作品增加得分系统，每次击退敌人时（匹配正确），分数加1分。

■ 失败界面中，为用户提供"重来一次"的按钮，单击该按钮，可以再次进行游戏（见图13.23）。

图13.21　功能优化说明——勇士造型切换

图13.22　功能优化说明——不同造型的龙和魔法球

图13.23　功能优化说明——重来一次、得分功能

注意：请在此前作品的基础上继续进行制作。

功能优化的实现步骤

■　击退敌人的动态效果：当敌人碰到勇士时，切换勇士的造型。

■　与时间相关的移动速度：设置移动速度变量，并通过数学运算将当前游戏时间与移动速度相关联。

■　不断变化的敌人与背景：游戏开始之后，每隔一段时间，敌人造型、背景颜色发生随机变化。

■　得分系统：每成功匹配一次，得分加1分。

■　重新开始游戏：在游戏失败时展示的界面中，展示"重来一次"按钮，单击之后，重新开始游戏。

击退敌人的动态效果

■　为持盾勇士和持剑勇士添加新造型。

■　为角色（火球、巨龙）搭建积木：在匹配成功之后，先广播"挥剑与顶盾"的消息，等待一段时间后（确保勇士造型已经切换完毕），再发出消息"敌人移动"。

■　为角色（持盾勇士、持剑勇士）搭建积木：接收到"挥剑与顶盾"消息后切换造型，并在初始化部分为角色设置初始造型（见图13.24）。

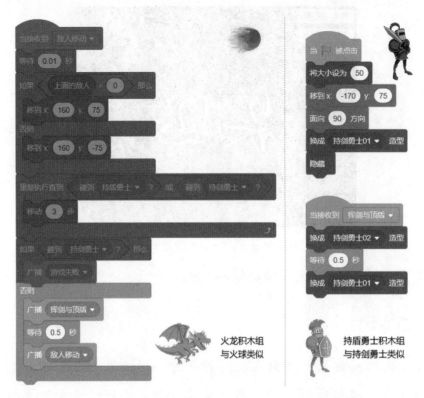

图13.24　功能优化说明——击退敌人的动态效果

◉ 与时间相关的移动速度

■　为角色（巨龙、火球）搭建积木：将其移动速度设置为"基础速度＋增速"，此处，基础速度为3，增速 ＝ 时间/25（见图13.25）。

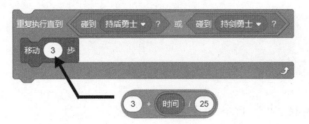

图13.25　功能优化说明——与时间相关的移动速度

◉ 不断变化的敌人与背景

■　在背景中搭建积木：接收到"进行游戏"的消息后，每隔一段时间，背景颜色特效增加一个固定值，在更换为游戏失败或胜利背景时，需清除当前背景的颜色特效。

- 创建变量"随机造型"，在背景中搭建积木：在接收到"敌人移动"消息后，将变量设置为1~3的一个随机数。

- 为角色（巨龙、火球）添加更多造型，两种角色出现在舞台上时造型一一对应。

- 为角色（巨龙、火球）搭建积木：在接收到"敌人移动"消息后，将角色的造型设置为"随机造型"变量的值。

其功能优化说明如图13.26所示。

图13.26　功能优化说明——敌人造型与背景的切换

得分系统

- 创建变量"得分"，在背景中搭建积木：在接收到"敌人移动"消息后，得分增加1分；由于第一次运动时，背景就会接收到"敌人移动"的消息，因此，在初始化时需要将"得分"变量的值设置为-1（见图13.27）。

图13.27　功能优化说明——得分系统

重新开始游戏

■ 添加"重来一次"角色，最初不显示，接收到"游戏失败"的消息后显示在舞台合适位置。

■ 为角色（重来一次）搭建积木：单击角色"重来一次"时，广播"进行游戏"消息，该角色隐藏。

■ 在背景中搭建积木：接收到"进行游戏"之后，背景切换为最初背景（见图13.28）。

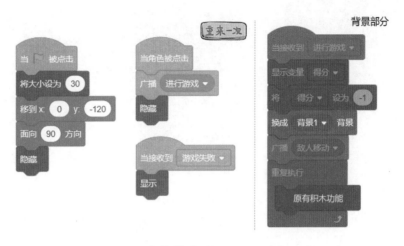

图13.28　功能优化说明——重来一次

总结

至此，你已经完成了本书全部内容的学习，掌握了Scratch软件中所有的核心知识，可以尝试使用这些知识打造自己的Scratch作品。

在制作Scratch作品时，建议从一个基础功能开始，之后一步步添加其他功能，最终完成有趣、功能丰富、体验良好的完整作品，加油！